新潮文庫

ひと目で見分ける250種
高山植物ポケット図鑑

埴沙萠 写真・著

新潮社版

本書の特色と使い方

これまでの植物の図鑑と違い、本書には高山植物の名前がこ
の目だけでなく、イラストもたくさんついています。それは、こ
の二十数年間に十数冊以上、高山の花を題材にした本を書いた
経験を生かし、絵を描けばいいのに、と思ったからなのです。花
ここに選んだおよそ250種の花は、登山のとき、ごく普通に目に
つく高山から気軽に登山の花の中心です。山麓帯の花も少し加え
ました。

本書は、その植物の特徴がよくわかるように出来るだけ全体の姿を表し
ました。イラストは、自分だけがわかる特徴の方を描いています。
出会った花の名前を調べるべきですが、先ず色別に分け、
その次に花びらのグループごとに、ページ右上の目印に従って
(花のついたアイコン印)でさがしていきます。ページで花を
探していたければ、似た花もあります。

花色の区別のされかた、青色のページに首を長くすれば黄色のページ
にも花の色が違ったら、黄色のページで首を傾げたほうがある
だけにしてください。

似た花のグループを開いたら、カラーページの左側の見出しを
くだけない。そこで注目すれば見分けることができるか、その米
イントを書いていきます。イラストには説明文がら花を特定します。
初めて花を名を付けた場合、その名由来が書いてあるから

うか調べるときは、まず「さくいん」でその花のページを開き、グループのイラストを見くらべて下さい。きっと確認できると思います。詳しくは解説文を読んで下さい。

　解説文は、聞きなれない専門用語をあまり使わないように心がけましたが、たとえば葉のふちにあるノコギリ状のギザギザを、そのつどていねいに説明できないので「鋸歯」という言葉を使っています。その他、必要最低限の範囲で花弁、花被片、托葉、花柱、花糸、3小葉、奇数羽状複葉といった植物用語も用いました。意味のわからない植物用語は、巻末にある「花のつくり」「葉のつくり」をご覧下さい。やや覚えにくい言葉ばかりですが、数はそれほど多くありません。

　解説文は、どこを見れば名前が分かるか、という部分から書いています。本来なら正確に名前を調べるには、根の形状、種の形など、たくさんのことを調べるべきですが、それは一般的ではないので、本書は、似た花と区別するために必要な情報を中心に載せています。もちろん、その花の基本知識はできる限り盛り込むようにしました。

　ときどきコラムを設けて、興味ぶかい高山植物のルーツ、特徴、和名の由来などについて書きました。後半の「花の山旅」ほかのガイドは、山行の計画を練るときにお役立て下さい。

もくじ

本書の特色と使い方 …………… 2

はじめに 高山植物とは …… 6

赤 色系の花 …………………… 7

　　コラム 高山のお花畑 …… 40

白 色系の花 …………………… 41

　　コラム 植物の知恵 ………… 86

黄 色系の花 …………………… 87

　　コラム 植物の旅 ………… 110

紫 色系の花 …………………… 111

　　コラム 和名の由来 ……… 130

緑 色系の花 …………………… 131

　　コラム 高山蝶 …………… 138

茶 色系の花 …………………… 139

コラム　ゆっくり登る ………… 144

花の山旅 …………………………… 145

白馬連峰（北アルプス） ………… 146

北岳（南アルプス） ……………… 148

千畳敷カール（中央アルプス） …… 150

乗鞍岳（北アルプス）…………… 152

美ヶ原（八ヶ岳中信高原国定公園）… 154

志賀高原（上信越国立公園）……… 156

花の撮影 ワンポイント・アドバイス　158
花ウォッチングの七つ道具 ………… 162

花のつくり ……………………… 164

葉のつくり ……………………… 166

さくいん ………………………… 168

写真・文　増村征夫
イラスト　増村文子
編集協力　お椀クラブ

5

はじめに

[高山植物とは]

　なぜ、厳しい環境である高山に、ひ弱に見える花がたくさん咲くのでしょう。
　高山に咲いている花は、高山帯で発生した植物と、氷河期のたびに北極周辺などの寒冷地から、大陸と陸つづきであった日本列島にやってきた植物の末裔との二種類があります。
　いずれも、寒冷地に咲く花ですから、中部山岳であれば高山帯で咲き、北海道の襟裳岬や礼文島などの寒冷地では、海辺にも咲いているのです。それらは普通、高山植物と呼ばれていますが、「寒冷植物」と言った方が理解できるでしょう。
　それにしても、なんと可憐な花が多いことでしょうか。近づいてみると、微妙な色あいや形の妙に見とれます。そして、精一杯に咲いている姿に、私は心を打たれるのです。

赤 色系の花

赤は鮮やかで力強い色です。濃い赤色の花はとても刺激的な印象を与え、淡い赤色の花は華やかさを感じさせます。

花の形で見分ける

花弁状の
ガク片4枚

5～11裂

花弁状の
ガク片6枚

長さ約10cm

古代紫色の
シラネアオイ
白根葵

【花期】	5～7月
【草丈】	15～30cm
【分類】	しらねあおい科

1科1属1種で日本固有の花。花は直径5～10cm。花弁はなく、淡紅色の花弁のように見えるのは4枚のガク片。葉は長さ20cmくらいで掌状に5～11裂する。山地帯の林内や、亜高山帯の雪どけの遅い斜面などで見かける。

幻の花
トガクシショウマ
戸隠升麻

【花期】	5～6月
【草丈】	30～50cm
【分類】	めぎ科

幻の花とも呼ばれる日本固有の花。淡い紅色の花弁のように見えるのは6枚のガク片で、花弁は花の中央にあり、ごく小さい。葉は複葉で、小葉は長さ約10cm。日本海よりの山地帯の林内にまれに生える。

咲き方で見分ける

とても鮮やかな
カライトソウ
唐糸草

先端から咲きはじめる

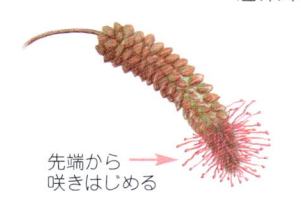

【花期】7〜9月　【草丈】40〜80cm　【分類】ばら科

亜高山帯〜高山帯に生え、唐糸を思わせる紅色の花穂がよく目立つ。花穂の先端から開花するのが特徴で、基部から開花するユキクラトウウチソウと区別できる。小葉は長さ4〜6cmの楕円形で鋸歯がある。

花穂の下から咲く
ユキクラトウウチソウ
雪倉唐打草

基部から咲きはじめる

【花期】7〜8月　【草丈】40〜80cm　【分類】ばら科

白馬連峰の雪倉岳の名がつけられた花。タカネトウウチソウ（白花。P82参照）とカライトソウ（紅花）の雑種と考えられ、花穂は紅色で基部から咲くことが特徴。小葉は約5cmの楕円形で、鋸歯がある。

9

葉の形や咲き方で見分ける

雪どけを追って咲く
ハクサンコザクラ
白山小桜

花弁が10枚あるように見える
長さ 1.5～5cm
下部の方へしだいに細くなる

【花期】7～8/中旬 【草丈】5～15cm 【分類】さくらそう科

花冠は直径2cm、紅紫色で中心は黄白色。5つに深く裂け、裂片はさらに2つに裂ける。葉は倒卵状のくさび形で、下部の方へしだいに細くなる。亜高山帯～高山帯の、湿った草地や雪田周辺に生える。

ひときわ愛らしい
ユキワリソウ
雪割草

少し裏側へ曲がる
長さ 3～7cm
花は小さく直径1cm

【花期】6～7月 【草丈】7～15cm 【分類】さくらそう科

山地帯～亜高山帯の岩場、湿地などに生える。花冠は直径1cm、紅紫色で中心は黄白色、5深裂し、裂片はさらに2つに裂ける。葉は倒卵状の長楕円形～倒卵形で、ふちは少し裏に曲がり鋸歯がある。

もみじのような葉っぱ
オオサクラソウ

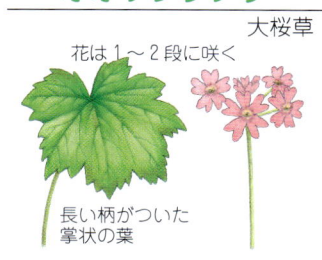

大桜草

花は1〜2段に咲く

長い柄がついた
掌状の葉

【花期】7月　【草丈】15〜40cm　【分類】さくらそう科

亜高山帯の林縁や、谷ぞいに生える。花冠は直径1.5〜2cm、紅紫色で中心は黄色。5つに深く裂け、裂片はさらに2つに裂ける。花が1〜2段に輪状に咲くことと、長い柄のついた掌状の葉が特徴。

何段にも花をつける
クリンソウ

九輪草

段になって咲く

長さ
15〜40cm

【花期】5〜7月　【草丈】40〜80cm　【分類】さくらそう科

幾重にも段になって咲くことから、仏塔の屋根の上についている九輪に見立てた和名。花は直径2.5cm、紅紫色で中心はより濃い紅紫色。葉は大型で長さ15〜40cmの倒卵状長楕円形、表面にしわが多い。

壺形と鐘形の花の見分け方

桜色で鐘形
ツガの葉に似ている

淡い桜色で壺形
ツガの葉に似ている

雨に打たれるとすぐに散る
ツガザクラ
栂桜

【花期】7〜8月
【高さ】10〜20cm
【分類】つつじ科

花冠は淡い桜色の鐘形で、先は浅く5裂し長さ約5㎜。葉が栂の葉に似て桜色の花をつけることからの和名。高山帯の岩場に生える。種類が多く、東北〜北海道には花が壺形のエゾノツガザクラがある。

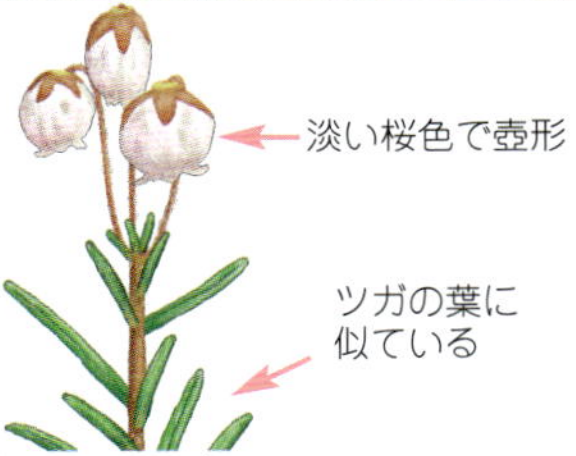

花冠の先が広く開く
オオツガザクラ
大栂桜

【花期】7〜8月
【高さ】10〜25cm
【分類】つつじ科

ツガザクラとアオノツガザクラ（P48参照）の雑種と考えられる。花冠は長さ約7㎜、淡い桜色の壺形で先は少し広く開くのが特徴。北アルプス北部と南アルプスの高山帯の礫地にみられ、特に白馬岳周辺の高山帯に多い。

紅色の鐘形で先が4裂する

長楕円形

小さくて可愛い
コケモモ
苔桃

【花期】6〜8月
【高さ】5〜15cm
【分類】つつじ科

花冠は鐘形で先は4裂し、長さ約6mm。花色は濃い紅色から淡い紅色まで濃淡がある。葉は互生し、長さ約1cmの長楕円形。花には広卵形の1枚の苞と2枚の小苞がある。亜高山帯〜高山帯の草地や礫地に生える。

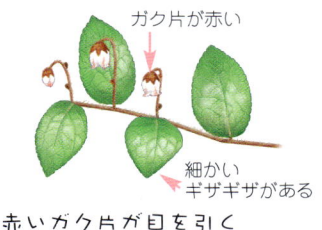

ガク片が赤い

細かいギザギザがある

赤いガク片が目を引く
アカモノ
赤物

【花期】6〜7月
【高さ】10〜20cm
【分類】つつじ科

花冠は淡い紅色の鐘形で、先は浅く5裂し長さ約7mm。特徴はガクと花柄が赤色。葉は互生し卵形で長さ1〜3cm、先がとがりふちには細かい鋸歯がある。深山の日当たりのよい登山道でよく見かける。別名イワハゼ。

13

壺形と鐘形の花の見分け方

→ 壺形で5裂する
→ 裏面は白っぽい

とても可憐な
ヒメシャクナゲ
姫石楠花

【花期】6〜7月
【高さ】10〜30cm
【分類】つつじ科

花冠は淡い桃色の壺形で浅く5裂し、長さ約5mm。葉は互生し広線形、ふちは裏面に反り返り、裏面は白味がかる。茎は地を這い、上部は斜上して枝の先に2〜6個の花をつける。亜高山帯〜高山帯の湿地に生える。

→ 楕円形
→ 紅と白の縞の壺形

花冠が紅と白の縞
クロマメノキ
黒豆の木

【花期】6〜7月
【高さ】10〜80cm
【分類】つつじ科

花冠は淡い紅色と白色の縞の壺形で浅く5裂し、長さ約1cm。葉は長さ約2cmの楕円形、先はまるく、基部はくさび形〜円形。亜高山帯〜高山帯の林縁や高層湿原に生える。ブルーベリーの仲間で黒青色の果実は食用。

裂片の数と色で見分ける

ハイマツの恋人
ハクサンシャクナゲ
白山石楠花

【花期】7〜8月
【高さ】1〜3m
【分類】つつじ科

花冠は紅色をさした白色で5裂し直径3〜4cm。葉は長さ6〜15cmの長楕円形で葉身の基部は円形〜浅いハート形。針葉樹林や、高山帯のハイマツのなかに生える。

5裂する　　　　　5裂する　　　　　7裂する

紅色をさした白色　　淡紅色

（ハクサンシャクナゲ）　（アズマシャクナゲ）　（ホンシャクナゲ）

初夏の森を彩る
アズマシャクナゲ
東石楠花

【花期】4〜6月
【高さ】2〜3m
【分類】つつじ科

花は淡紅色で枝先に集まってつく。花冠は直径3〜4cm。広い漏斗形で浅く5裂し、裂片の先がへこむ。葉は倒披針形で長さ8〜15cm。亜高山帯に生える。

花冠が7裂する
ホンシャクナゲ
本石楠花

【花期】4〜5月
【高さ】4mに達する
【分類】つつじ科

花は紅紫色〜淡紅色で枝先に集まってつく。花冠は直径5cmの漏斗形で7裂する。葉は倒披針形で長さ10〜20cm。山地帯の渓谷に生える。

葉の形で見分ける

光沢のある丸い葉
イワカガミ
岩鏡

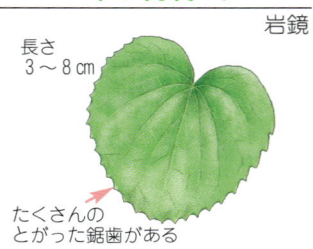

長さ 3〜8cm

たくさんの とがった鋸歯がある

【花期】5〜7月　【草丈】10〜20cm　【分類】いわうめ科

花冠は長さ約2cm、淡い紅色の漏斗状で先が5裂し、裂片のふちはさらに細かく裂ける。葉は卵形または広楕円形で、たくさんのとがった鋸歯がある。和名は光沢のある葉が鏡を思わせることに由来する。

葉の鋸歯が少ない
ヒメイワカガミ
姫岩鏡

長さ 1〜5cm

鋸歯が少ない

【花期】6月　【草丈】5〜10cm　【分類】いわうめ科

花冠は淡い紅色〜白色で長さ約2cm、漏斗状で5裂し、裂片のふちはさらに細かく裂ける。葉は卵円形で鋸歯が少ない（1〜5対）ことで、高山に生えるコイワカガミと区別できる。

たきな葉っぱの
オオイワカガミ
大岩鏡

長さ
6～12cm

とがった鋸歯がある

【花期】4～5月　【草丈】10～15cm　【分類】いわうめ科

花冠は長さ約2cm、淡紅色の漏斗状で5裂し裂片のふちはさらに細かく裂ける。葉は大型の円形で長さ6～12cm、基部は心形、ふちにとがった鋸歯がある。山地や広葉樹林などに生える。

葉の基部が円形かくさび形
トクワカソウ
徳若草

基部が円形
またはくさび形

裂片が
細かく裂ける

波状の鋸歯がある

【花期】4～5月　【草丈】10～15cm　【分類】いわうめ科

花冠は直径2.5～3cm、淡い紅色の広い鐘形で5つに深く裂け、裂片のふちはさらに細かく裂ける。葉は広い楕円形で、ふちに波状の鋸歯があり、基部は円形またはくさび形となることが特徴。

花や葉の形で見分ける

ゲンノショウコの仲間
ハクサンフウロ
白山風露

紅紫色の5弁花

5裂する

【花期】7〜8月　【草丈】30〜80cm　【分類】ふうろそう科

花は、直径2.5〜3cm、紅紫色の5弁花。葉は幅5〜10cm、掌状に5裂し、裂片は2〜3回中裂する。ガク片に毛が多いチシマフウロやエゾフウロなど、仲間が多い。高山帯の湿った草地に生える。

フウロソウでいちばん大きい
アサマフウロ
浅間風露

濃い紅紫色の5弁花

5つに深く裂ける

【花期】8〜9月　【草丈】60〜80cm　【分類】ふうろそう科

花冠は直径3〜4cmあり、フウロソウの仲間ではいちばん大きく色が濃いことが特徴。葉は幅3〜10cmで基部近くまで掌状に5深裂し、裂片はさらに切れ込む。高原の湿った草地に生える。

葉と総苞片の形で見分ける

先はトゲ状 / 外片が離れて立つ / 反り返ってトゲがある / トゲがある

大群生する
タテヤマアザミ
立山薊

【花期】8月
【草丈】40〜100cm
【分類】きく科

頭花は横向きにつき総苞は直径1.5〜3cm、総苞の外片が離れて立つ。茎葉は10〜20cmの楕円状披針形で、5〜6対の羽状に中〜深裂する。裂片はさらに切れ込み、先は刺状。中部山岳の亜高山帯〜高山帯に生える。

アザミでいちばんたきい
フジアザミ
富士薊

【花期】8〜10月
【草丈】50〜100cm
【分類】きく科

日本に自生するアザミのなかで頭花がもっとも大きく、総苞の直径が6.5〜8.5cm。総苞片は反り返り刺がある。葉は根元に集まってロゼット状になり長さ50〜70cmの長楕円形で、羽状に中裂しふちに刺がある。

葉と総苞片の形で見分ける

反り返る　　翼がある

矢じり状の
狭い三角形

お花畑を彩る
クロトウヒレン
黒唐飛廉

【花期】8〜9月
【草丈】35〜65cm
【分類】きく科

頭花は茎の先に2〜3個集まってつき、総苞は直径約1.7cm、暗紫色〜茶褐色の毛が密生し、総苞片は外へ少し反り返る。茎に狭い翼がある。葉は長さ5〜18cmの卵形〜長楕円形、先がとがり、ふぞろいの鋸歯がある。

北アルプス特産
チャボヤハズトウヒレン
矮鶏矢筈唐飛廉

【花期】8月
【草丈】約20cm
【分類】きく科

頭花は1本の茎に1〜数個つく。総苞は直径5〜8mmの筒形で外片の先はのびる。茎葉は長さ4〜8cm、矢じり状の狭い三角形で先がとがり、裏面にはまばらな毛がある。高山帯の岩礫地に稀に生える。

頭花は茎の先に
1個つく

卵状の
長楕円形

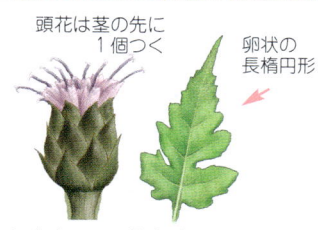

小さな紅いほうき
シラネヒゴタイ
白根平江帯

【花期】 8〜9月
【草丈】 10〜20cm
【分類】 きく科

葉の基部から続く翼があって茎を抱く。葉は卵状の長楕円形でふちは鋸歯のあるものから羽状に中裂したものまである。頭花は茎の先に1個つくことが特徴。筒状花は淡紅紫色で長さ約1cm。南アルプスの高山帯に生える。

羽状に深く裂け
トゲがない

淡い黄褐色

葉に刺がない
タムラソウ
田村草

【花期】 8〜9月
【草丈】 30〜140cm
【分類】 きく科

葉に刺がないことで他と区別できる。茎葉は羽状に深く裂け、下部の葉には長い柄がある。頭花は上向きに咲き、直径3〜4cm。総苞片は淡い黄褐色。他の花が終わるころ、山地帯の草地や登山道の脇でよく出会う。

花の形で見分ける

ハクサンチドリ
花被片がとがった
白山千鳥

花被片の先が鋭くとがる

【花期】6〜8月　【草丈】10〜40cm　【分類】らん科

千鳥の羽を思わせる花被片の先が鋭くとがることが特徴。花は総状に約10個ほどつくが、数は変化が大きい。葉は長さ4〜15cmの倒披針形〜披針形で、基部は茎を抱く。亜高山帯〜高山帯の草地に生える。

テガタチドリ
花被片が丸っこい
手形千鳥

花被片が丸っこい

【花期】7〜8月　【草丈】30〜60cm　【分類】らん科

花被片がとがらずに丸いことが特徴。花は穂状に密集して数え切れないほどつく。葉は広線形で長さ8〜16cm。亜高山帯〜高山帯の草地に生える。和名は、根が掌状に分かれていることに由来する。

葉のふちが波打つ
ノビネチドリ
延根千鳥

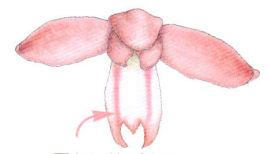

唇弁に筋がある

【花期】5〜7月　【草丈】30〜60cm　【分類】らん科

唇弁にふつう筋があることと、葉のふちが波打っていることが特徴。花は淡い紅色から濃い紅色まで変化があり、形はテガタチドリに似ているが距が3〜4mmと短い。山地帯〜亜高山帯の林内や草地に咲く。

花がらせん状につく
ミヤマモジズリ
深山捩摺

唇弁は狭くて3裂する

【花期】7〜9月　【草丈】10〜20cm　【分類】らん科

花がネジバナ（モジズリ）のようにらせん状につくことからの和名。ガク片と側花弁は開かず兜状になり、唇弁は狭いくさび形で3裂し、基部には紅紫色の斑点がある。ふつう、針葉樹林下に生える。

花弁の形と苞の形で見分ける

花が細かく切れ込んだ
タカネナデシコ
高嶺撫子

3分の2まで細かく切れ込む
苞が2対

【花期】7〜9月　【草丈】10〜30cm　【分類】なでしこ科

花は直径4〜5cmの5弁花、花弁は紅色で3分の2くらいまで細かく切れ込む。苞は2対で細長い。葉は長さ2〜6cmで線形。高山帯の岩礫地に生え、全体に無毛で粉白を帯びる。

大和撫子にたとえられる
カワラナデシコ
河原撫子

細かく切れ込む
苞は3〜4対

【花期】7〜10月　【草丈】30〜80cm　【分類】なでしこ科

花は茎の先に数個まばらにつく。花弁は淡い紅色の5弁花で細かく切れ込む。葉は対生し、長さ3〜10cmの線形または披針形。苞は3〜4対あり、先はとがる。秋の七草のひとつで、山地でもよく見かける。

おとなしい色合いの
シナノナデシコ
信濃撫子

切れ込みが浅い

苞は2対

【花期】7〜8月　【草丈】20〜45cm　【分類】なでしこ科

花は茎の先に密集して咲き、直径1.5〜2cmの5弁花。花弁は桃色で、切れ込みが浅いことが特徴。苞は2対で長くのびる。葉は長さ3〜6cmの細長い倒披針形。山地帯〜高山帯の荒地などに生える。

あでやかな
タカネビランジ
高嶺ビランジ

3分の1くらいまで裂ける

【花期】8月　【草丈】10〜30cm　【分類】なでしこ科

花は紅紫色の5弁花で直径2.5〜3cm。1〜数個が上向きに咲く。花弁は3分の1くらいまで裂ける。葉は長さ1.5〜4cmの披針形で、先は鋭くとがる。南アルプスの高山帯の岩場に生える。

葉の形で見分ける

細かく切れ込む

ニンジンのような葉っぱ
ミヤマシオガマ
深山塩竈

【花期】7～8月
【草丈】7～15cm
【分類】ごまのはぐさ科

葉は羽状に深く裂け、小葉がさらに深く裂けニンジンの葉のように細かく切れ込むのが特徴。花は茎の上部にかたまってつく。花冠は紅紫色で長さ2～2.5cm、上唇はくちばし状にとがらない。高山帯の草地に生える。

羽状に深く裂ける

車輪のように見える
タカネシオガマ
高嶺塩竈

【花期】7～8月
【草丈】5～20cm
【分類】ごまのはぐさ科

葉が羽状に深く裂け、茎の先に3～4個が輪状についた花を数段つけることが特徴。花を真上から見ると車輪のように見える。花冠は長さ15mm。茎に四つの稜があって短い毛がある。高山帯の草地に生える。

羽状に深く裂け、
裂片はさらに裂ける

花の長さ約4cm

葉が四枚の
ヨツバシオガマ
四葉塩竈

【花期】7〜8月
【草丈】10〜40cm
【分類】ごまのはぐさ科

葉はふつう4枚が輪生し、4個の花が幾段にも咲くことが特徴。花冠は唇形の紅紫色、上唇はなかほどで曲がって先がくちばし状にとがる。葉は羽状に深く裂け、裂片はさらに裂ける。高山帯の草地に生える。

仲間でいちばん大きい
オニシオガマ
鬼塩竈

【花期】8〜9月
【草丈】40〜100cm
【分類】ごまのはぐさ科

茎の先に10〜20cmの花穂をつくり、桃色で長さ約4cmの花をまばらにつける。葉は対生し葉身は長卵形で長さ10〜30cm、羽状に深く裂け、裂片はさらに深く裂け鋸歯がある。山地帯〜亜高山帯の湿ったところに生える。

ガクの形で見分ける

周りの草に隠れて咲く
オノエリンドウ
尾上竜胆

【花期】 8～9月
【草丈】 5～20cm
【分類】 りんどう科

ガク裂片の大きさがふぞろいであることが特徴。花冠は紅紫色で長さ約2cmの筒状鐘形、先が浅く4～5裂する。茎葉は広い披針形で基部は茎を抱く。高山の草地に生える。

ガク裂片の大きさがふぞろい

（オノエリンドウ）　　ふぞろいで反り返る（ユウバリリンドウ）　　ガク裂片の基部が耳状にはりだす（チシマリンドウ）

ガク片が反り返る
ユウバリリンドウ
夕張竜胆

【花期】 8～9月
【草丈】 5～30cm
【分類】 りんどう科

ガク裂片の大きさがふぞろいで反り返るのが特徴。花冠は長さ約3cm、淡い赤紫色で先が5つに裂け、中央にある内片は基部まで細く裂ける。

ガク片の基部が耳状
チシマリンドウ
千島竜胆

【花期】 8～9月
【草丈】 5～20cm
【分類】 りんどう科

ガク裂片の基部が耳状にはりだすのが特徴。茎に4つの稜がある。花冠は赤紫で長さ2～3cm、先が5裂する。葉は広い披針形で長さ1～3cm。

雄しべの長さで見分ける

赤いネギ坊主
シロウマアサツキ
白馬浅葱

花被片と雄しべが
ほぼ同じ長さ

【花期】7～8月　【草丈】20～60cm　【分類】ゆり科

雄しべが花被片とほぼ同じ長さであることと、葉が直径3～5mmの円筒形であることが特徴。高山帯の砂礫地や草地に生え、直径3～4cmの、ネギ坊主のような花序をつくる。花被片は長さ6～8mm。

葉が平べったい
ミヤマラッキョウ
深山辣韮

雄しべが花被片
より突き出る

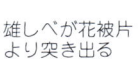

【花期】7～8月　【草丈】20～40cm　【分類】ゆり科

雄しべが花被片よりやや長いものが多く、葉は長さ15～20cmの平べったい線形であることが特徴。亜高山帯～高山帯の草地や岩礫地に生え、直径約3cmの花序をつくる。花被片は長さ4～5mm。

葉の形で見分ける

香りがよい
ヒメサユリ
姫小百合

広披針形で短い柄がある

【花期】6〜8月　【草丈】30〜80cm　【分類】ゆり科

花は淡い紅色で香りがよく、横向きに開く。花被片は6個で長さ5〜7cm、先がわずかに反る。葉は広披針形で長さ5〜10cm、短い柄がある。山形、福島、新潟の県境付近の深山の草地に生える。

葉が輪生する
クルマユリ
車百合

車輪状につく

【花期】7〜8月　【草丈】30〜100cm　【分類】ゆり科

茎の中央部に輪生する葉を車輪の輻（や＝放射状の棒）に見立てた和名。花は茎の上部に1〜数個が横〜下向きに開く。花被片は長さ3〜4cm、濃い斑点があり先が反り返る。亜高山帯の草原に生える。

滅多に出会えない
アツモリソウ
敦盛草

【花期】 5～7月
【草丈】 20～40cm
【分類】 らん科

袋状の唇弁を平敦盛が背負った母衣（ほろ）に見たてた和名。花はふつう淡紅色～紅紫色で直径3～5cm。葉は互生し、長楕円形、長さ8～20cm。よく似たホテイアツモリソウは、花色が濃く、唇弁の形がやや丸い。

唇弁が袋状

針葉樹林の下で咲く
ホテイラン
布袋蘭

【花期】 5～6月
【草丈】 6～15cm
【分類】 らん科

花は紅紫色、唇弁は白色で先が2個の角のような距になる。葉は根元に1枚だけで、分厚く縦じわが目立つ卵状楕円形。長さ2.5～5cm。本州中部の亜高山帯に分布。よく似たヒメホテイランは、距が唇弁とほぼ同じ長さ。

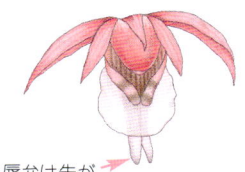

唇弁は先が角のような距になる

高山帯まで咲く
ミネザクラ
嶺桜

【花期】5〜6月
【高さ】0.5〜5m
【分類】ばら科

花は淡い紅色で直径3cmと小さく、葉が開くのと同時に咲く。葉は長さ3〜9cmの倒卵形で先が長くとがり、重鋸歯がある。亜高山帯〜高山帯に生える。よく似たチシマザクラは、花柄に毛があることで区別できる。

小さな5弁花（直径3cm）

ハマナスによく似た
タカネバラ
高嶺薔薇

【花期】6〜8月
【高さ】50〜100cm
【分類】ばら科

ハマナスの花にそっくりだが、亜高山帯〜高山帯に咲く。花は紅紫色で直径3〜4cm、ほのかな甘い香りがする。葉は羽状、小葉は長楕円形で3〜4対（オオタカネバラは小葉が2〜3対）、ふちに鋭い鋸歯がある。

甘い香りがする

小葉は3〜4対

魅惑的な色
ベニバナイチゴ
紅花苺

【花期】6〜7月
【高さ】約1m
【分類】ばら科

花は濃い紅紫色で長さ約2cm、枝先に1個下向きに咲く。葉はふつう3小葉で、小葉は先がとがり、ふちに鋸歯がある。中部山岳北部の、雪が多い日本海側の亜高山帯〜高山帯の林縁や沢ぞいに生える。

葉は3小葉

下向きに咲く

珊瑚色が映える
イワナシ
岩梨

【花期】5〜6月
【高さ】10〜25cm
【分類】つつじ科

地に張りついたやや革質の葉ばかりが目立つ常緑の地味な木だが、長さ1cmほどの淡い紅色の花は珊瑚を思わせる。花冠は筒状の鐘形で先が浅く5裂し、内部に白い毛がある。山地帯〜亜高山帯の林縁に生える。

珊瑚を思わせる紅色

33

カタクリを思わせる
ツルコケモモ
蔓苔桃

【花期】6〜7月
【草丈】地を這う
【分類】つつじ科

葉の脇から1〜4本の細長い花柄を伸ばし、先端に1個ずつ可憐な花をつける。花冠は淡い紅色で深く4裂し、裂片は長さ7〜9mmあり反り返る。葉は互生し革質で細長い卵形。亜高山帯のミズゴケ湿原に生える。

深く4裂し
反り返る

小さな花が集まった
ショウジョウバカマ
猩猩袴

【花期】4〜5月
【草丈】10〜30cm
【分類】ゆり科

花茎の先に、紅紫色で6つの花被片からなる小さな花3〜10個が集まって、横向きに咲く。葉は長さ7〜20cmの倒披針形で放射状に広がる。和名は、紅い花を想像上の動物・猩猩に、葉を袴に見たてたもの。

ひとつひとつも
小さな花

高山植物の女王
コマクサ
駒草

【花期】	7〜8月
【草丈】	5〜15cm
【分類】	けし科

可憐な花なのに、花の形を馬の顔に見たてた和名。花は花弁が4個で外側の花弁は下部が大きく心形にふくらみ、先が反り返る。凍結と融解で砂や礫がたえず動く厳しい環境に生え、単独で群落をつくることが多い。

花弁は4個で外側の2枚が反り返る

なぜか親しみを覚える
ミヤマアズマギク
深山東菊

【花期】	7〜8月
【草丈】	10〜15cm
【分類】	きく科

花は小さな舌状花がたくさん集まった頭花で、直径3〜4cm。花色に濃淡がある。根元の葉はロゼット状に広がり、長さ1〜4cmの細かいへら形。よく似た花のミヤマノギクは、根元の葉の幅が広く、長い柄がある。

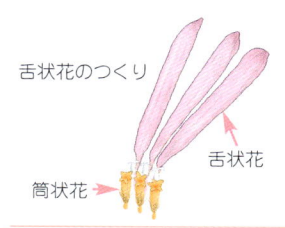

舌状花のつくり
舌状花
筒状花

京鹿の子を思わせる
シモツケソウ
下野草

【花期】7～8月
【草丈】30～80cm
【分類】ばら科

花は紅色で直径約5mm、花弁は4～5枚。葉は掌状に5～7深裂し、裂片のふちはふぞろいの鋸歯がある。低山帯～亜高山帯の日当たりのよい草地に生える。よく似たエゾノシモツケソウは、ガク片の内側に短い毛がある。

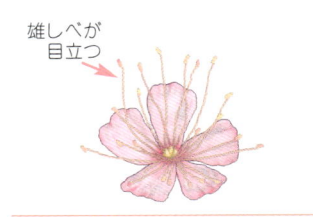

雄しべが目立つ

よい香りがする
イブキジャコウソウ
伊吹麝香草

【花期】6～7月
【草丈】3～15cm
【分類】しそ科

花冠は紅色で長さ5～8mmの唇形、上唇は直立し下唇は3裂する。葉は対生し、長さ5～10mmの長楕円形～卵形。山地帯～高山帯の日当たりのよい岩礫地に生える。芳香があることから、麝香草と名づけられた。

葉は対生する

下唇は3裂する
よい香りがする

夫婦花と呼ばれる
リンネソウ
（リンネ＝植物学者の名前）

【花期】7～8月
【草丈】地を這う
【分類】すいかずら科

花茎の先が2つに分かれ、鐘形で先が5裂した花が2つ付くことから夫婦花（めおとばな）とも呼ばれる。地を這った細かい茎に、長さ約1cmの卵形の葉が対生する。高山帯のハイマツの林下でよく見かける。

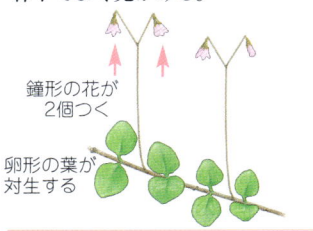

鐘形の花が2個つく
卵形の葉が対生する

ヤマハハコの仲間
タカネヤハズハハコ
高嶺矢筈母子

【花期】8月
【草丈】10～25cm
【分類】きく科

茎の頂に頭花を密につける。総苞が紅褐色なので赤い花に見える。茎葉は披針形で長さ4～6cm、基部はしだいに翼状になって茎に沿って流れる。茎も葉も白い綿毛で白っぽい。高山帯の乾いた草地に生える。

総苞が紅褐色

37

星をちりばめたかに見える
ミネズオウ
嶺蘇芳

【花期】6〜7月
【草丈】3〜6cm
【分類】つつじ科

花の色は淡紅色から白っぽいものまである。花冠は5つに裂けて平開するので、星をちりばめたように見える。葉は対生し、長さ約1cmほどの長楕円形、ふちが裏面にまくれる。高山帯の岩礫地や岩壁に生える。

花冠は5つに裂け平開する

出会うと忘れられない
タカネマンテマ
高嶺マンテマ

【花期】7〜8月
【草丈】10〜20cm
【分類】なでしこ科

花は直径約1cmで茎の先に1個つく。花弁は紅紫色だが、ラグビーボールを思わせるガクの方が目立つ。葉は細い披針形で長さ3〜8cm。南アルプスの高山帯に生える。マンテマは、帰化時に分類された属名に由来する。

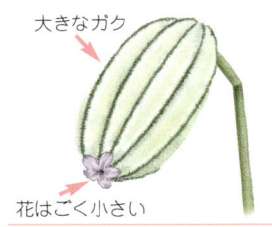

大きなガク

花はごく小さい

紅い十字花
ミヤマアカバナ
深山赤花

【花期】	7〜8月
【草丈】	5〜25cm
【分類】	あかばな科

花は淡い紅色の4弁花で、直径約7mm、柱頭はこん棒状。葉は対生し、長さ1〜4cmの披針形〜長楕円形。高山帯の草地や流れの脇に生える。よく似たイワアカバナは、柱頭が浅く4裂しているので区別できる。

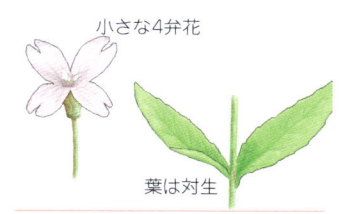

小さな4弁花

葉は対生

地味な菊
エゾムカシヨモギ
蝦夷昔蓬

【花期】	8月
【草丈】	15〜55cm
【分類】	きく科

頭花は直径1.5〜1.8cm、舌状花は淡い紅紫色で長さ約5mm。中心は黄色い筒状花。茎葉は長さ2〜6cmの長楕円形で、茎を抱く。亜高山帯〜高山帯の、日当たりのよい草地や礫地に生える。

中心は黄色い筒状花

舌状花

39

コラム

[高山のお花畑]

　高山には、里にはない大規模なお花畑があります。白や黄に染まって見えるお花畑は、近づいてみると、実にさまざまな色の花が咲いていることに驚かされます。

　ところが不思議なことに、その中には木が生えていません。お花畑と呼ばれるところは、雪崩がひんぱんに起きるので雪崩草原と呼ばれ、たとえ木が生えても雪崩に流されるために、地中の根茎で生きてゆく草本だけの世界となり、お花畑が広がっているのです。

　ちなみに、ヨーロッパアルプスやヒマラヤの高山帯の大部分は放牧地や採草地となっていて、家畜や人間の影響を受けています。しかし日本山岳の高山植物帯は、人の手はほとんど入っていないため第一級の自然が残り、世界レベルにおいても素晴らしいお花畑の景観が楽しめるのです。

白 色系の花

白はおとなしい色です。たとえ群生していても静かな感じがします。一方、ひとり咲く花からは、清らかでみずみずしい印象を受けます。

頭花の数や付き方、葉の形で見分ける

エーデルワイスの仲間
ミネウスユキソウ
嶺薄雪草

苞葉は緑色を帯びた白色

【花期】7〜8月　【草丈】約10cm　【分類】きく科

薄雪草は、中央の頭花を取りまく苞葉が薄っすらと雪を被っているように見えることからの和名。本種は主に北アルプスと南アルプスに分布。苞葉は、緑色を帯びた白色。頭花は柄がないかあってもごく短い。

仲間でいちばん小さい
ヒメウスユキソウ
姫薄雪草

頭花は2〜3個

【花期】7〜8月　【草丈】4〜7cm　【分類】きく科

コマウスユキソウとも呼ばれ、中央アルプス駒ケ岳の特産。ウスユキソウの仲間では一番小さく、頭花は2〜3個で、白い苞葉6〜9個が星形につく。茎葉は線状の倒披針形で、両面とも綿毛が密生する。

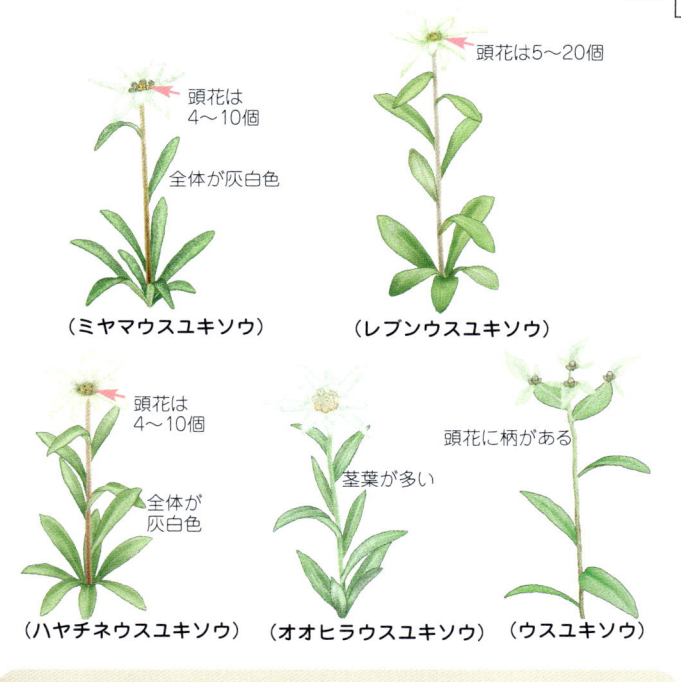

(ミヤマウスユキソウ) 頭花は4〜10個 / 全体が灰白色

(レブンウスユキソウ) 頭花は5〜20個

(ハヤチネウスユキソウ) 頭花は4〜10個 / 全体が灰白色

(オオヒラウスユキソウ) 茎葉が多い

(ウスユキソウ) 頭花に柄がある

【ウスユキソウの見分け方】

ヨーロッパでは「アルプスの星」と呼ばれる、エーデルワイスの仲間。種類が多いので同定はむずかしいが、関西、四国はコバノウスユキソウ。中部山岳はミネウスユキソウ、ヒメウスユキソウ、ホソバヒナウスユキソウ。東北の山はミヤマウスユキソウ、ハヤチネウスユキソウ、ミネウスユキソウ。北海道の山はエゾウスユキソウ、オオヒラウスユキソウ、と分かれているので、その地域の2〜3種の苞葉や葉の形を調べれば区別できる。

花弁の数と葉の形で見分ける

花弁が5枚　葉は羽状

花弁は7～8枚　葉は小判形

梅によく似た
チングルマ
稚児車

【花期】7～8月
【草丈】10～20cm
【分類】ばら科

梅の花によく似た白い5弁の花で、直径2～3cm。葉は羽状で小葉は狭い倒卵形、ふちに不ぞろいの切れ込みと鋸歯がある。花が終わると花柱が長さ約3cm伸びて羽毛状になる。高山帯の雪田周辺や礫地などに生える。

葉が小判を思わせる
チョウノスケソウ
長之助草

【花期】6/下旬～7月
【草丈】地を這って分枝する
【分類】ばら科

花は白色で直径約2.5cm、花弁が7～8枚と多く、葉が小判を思わせる形であることが特徴。花が終わると、花柱が伸びて羽毛状になる。和名は、日本での発見者である須川長之助にちなむ。高山帯の岩場や礫地に生える。

花びらと葉の形で見分ける

一面に咲く
ハクサンイチゲ
白山一花

花弁状のガク片が5〜6枚

【花期】 6/下旬〜7月　**【草丈】** 20〜50cm　**【分類】** きんぽうげ科

花は一つの茎に1〜5個つき、直径2〜2.5cm。白い花弁のように見えるのはガク片で、花弁はない。根生葉は長い柄がある3枚の小葉で、小葉はさらに細く裂ける。茎葉は深く裂けた4個が輪生する。

花弁の先が浅く2裂する
キタダケソウ
北岳草

花弁は6〜8枚

【花期】 6/下〜7/上旬　**【草丈】** 10〜20cm　**【分類】** きんぽうげ科

南アルプス北岳の高山帯の礫まじりの草地に特産する。花は白色で直径約2cm、花弁は6〜8枚で先が浅く2裂するものが多い。根生葉は3回3出複葉、上から見ると細かく裂けた葉が幾重にも重なる。

葉の形と色で見分ける

葉に光沢がある
タカネナナカマド

高嶺七竈

【花期】6〜7月
【高さ】1〜2m
【分類】ばら科

花は直径8mmの白い5弁花で、枝先に5〜20個つく。葉は小葉が羽状に集まった複葉で、長さ12〜25cm。小葉は披針形でふちに鋭い鋸歯または重鋸歯が基部近くにまである。

小葉は基部まで鋸歯がある
（タカネナナカマド）

長さの3分の2まで鋸歯がある
裏面が白っぽい
（ウラジロナナカマド）

鋸歯があり先が細長い
（ナナカマド）

葉の裏が白っぽい
ウラジロナナカマド

裏白七竈

【花期】7〜8月
【高さ】1〜2m
【分類】ばら科

葉は小葉が羽状に集まった複葉で、小葉はふちに上から3分の2まで鋭い鋸歯があり、裏面が白っぽい。花は直径1cmの白い5弁花。高山の紅葉の主役。

公園でも見かける
ナナカマド

七竈

【花期】5〜7月
【高さ】7〜10m
【分類】ばら科

葉は小葉が羽状に集まった複葉で、小葉は他の仲間にくらべ先が細長いことが特徴、ふちには鋸歯がある。花は直径約8mmの白い5弁花。

葉の形で見分ける

白い花糸が目立つ
ミヤマカラマツ
深山唐松

【花期】 5〜8月
【草丈】 30〜80cm
【分類】 きんぽうげ科

茎葉は2〜3個、茎と花柄の分岐点に小さな葉（托葉）がない（カラマツソウにはある）ことが特徴。花は直径約8mm。花弁はなく、たくさんの白い花糸（雄しべの柄）が目立つ。

托葉がない
（ミヤマカラマツ）

もみじ葉の形
（モミジカラマツ）

小さな托葉がある
（カラマツソウ）

もみじ葉の
モミジカラマツ
紅葉唐松

【花期】 7〜8月
【草丈】 30〜60cm
【分類】 きんぽうげ科

根生葉は7〜9裂し、もみじの葉の形をしていることが特徴。花は直径1〜1.3cm、花弁はなく、白い花糸が目立つ。亜高山帯〜高山帯の草地に生える。

山地帯で見かける
カラマツソウ
唐松草

【花期】 7〜8月
【草丈】 50〜120cm
【分類】 きんぽうげ科

茎葉は3〜4個枝分かれした複葉で、枝と葉柄の分岐点に小さな葉（托葉）があることが特徴。花は直径1cm。花弁はなく、白い花糸が目立つ。

花と葉の形で見分ける

花冠が青っぽい
アオノツガザクラ
青の栂桜

- 壺形で浅く5裂する
- ツガの葉に似ている

【花期】7〜8月　【草丈】10〜30cm　【分類】つつじ科

花は枝先に4〜7個、下向きにつく。花冠は壺形で青っぽいクリーム色、先は浅く5裂し、長さ6〜7mm。葉は線形で長さ8〜14mm、ふちに鋸歯がある。高山帯の雪田周辺や湿気のある岩場などに生える。

米粒状の葉
コメバツガザクラ
米葉栂桜

- 壺形で浅く5裂した花が3個ずつつく
- 葉は3枚輪生

【花期】7月　【草丈】5〜10cm　【分類】つつじ科

長さ5〜10mmの米粒状の葉が3枚輪生し、花が3個ずつつくのが特徴。花は白色〜ほんの少し紅色をおびるものがあり、下向きに咲く。花冠は長さ4〜5mm、壺形で5つに浅く裂ける。

組み紐のような葉
イワヒゲ
岩髭

丸味を帯びた鐘形で浅く5裂し、反り返る

組紐のような葉

【花期】7〜8月　【草丈】約4cm　【分類】つつじ科

組紐のように見える葉が特徴。葉の脇から長さ2〜3cmの細長い花枝を伸ばし、先に白色の花をひとつつける。花冠は丸味を帯びた鐘形で浅く5裂し、裂片は反り返る。高山帯の岩の隙間や礫地に生える。

可憐な鐘形の花
ジムカデ
地百足

鐘形で深く裂ける

茎は地を這って立ち上がる

【花期】7〜8月　【草丈】地を這って3〜5cm　【分類】つつじ科

花冠は長さ4〜5mmの鐘形で深く裂け、枝先に1個つく。茎は地を這って立ち上がり、厚い菱形の小さな葉を密につける。高山帯の礫地や岩の隙間に生える。和名は立ち上がった姿をムカデにたとえたもの。

葉の形、色で見分ける

長さ10〜20cm

裏は白っぽい
長さ10〜20cm

大きな葉が目立つ
オンタデ
御蓼

【花期】7〜8月
【草丈】30〜100cm
【分類】たで科

花は円錐状に密に集まる。雄花と雌花が別の株につき、花は下から上へと咲く。葉は互生し長卵形〜卵形で、若い時には両面に毛があるが、成長すると無毛になり葉の裏面は緑色になる。高山帯の砂礫地に生える。

葉の裏が白く見える
ウラジロタデ
裏白蓼

【花期】6〜10月
【草丈】30〜100cm
【分類】たで科

花は円錐状に密に集まる。雄花と雌花が別の株につき、花は下から上へと咲く。雄花の花被片は長さ約2mm。葉は長卵形〜卵形で裏面には白い綿毛が密生し、長さ10〜20cm。亜高山帯〜高山帯の砂礫地や岩礫地に生える。

長さ4〜12cm

長さ15〜30cm

同じ仲間では小さな葉の
オヤマソバ
御山蕎麦

【花期】 7〜9月
【草丈】 15〜50cm
【分類】 たで科

花は白色か緑白色、時に淡紅色で円錐状にたくさん集まる。ガクと花冠は長さ約3mmで5つに深く裂ける。葉は卵形〜卵状楕円形で長さ4〜12cm。花や実がソバに似ていることによる和名。高山帯の砂礫地に生える。

ホオ葉を思わせる
オオイタドリ
大虎杖

【花期】 7〜9月
【草丈】 1〜3m
【分類】 たで科

花は白色で円錐状に集まる。雄花と雌花が別の株につき、ガクと花冠は長さ約2mmで5つに深く裂ける。葉に柄があり長卵形〜卵形で、長さ15〜30cm。山地帯〜亜高山帯の礫地や草地などに生える。

花と実の形で見分ける

断崖にも生える
イワオウギ

岩黄耆

【花期】6〜8月
【草丈】20〜80cm
【分類】まめ科

花はクリーム色で長さ12〜20mm。ガクは長さ4〜6mm。葉は小葉が羽状にたくさんつき、小葉は卵状楕円形で長さ1.5〜2.5cm。亜高山帯〜高山帯の草地、礫地、岩壁などに生える。

ガクが短い　　ガクが長い　　花が白色

豆果　（イワオウギ）　豆果　（タイツリオウギ）　豆果　（シロウマオウギ）

豆果を鯛に見たてた
タイツリオウギ

鯛釣黄耆

【花期】7〜8月
【草丈】40〜70cm
【分類】まめ科

袋状にふくらんだ豆果がぶら下った様を、釣りあげられた鯛に見たてた和名。花は長さ約2cm、ガクは長さ8〜10mm。葉は小葉が羽状にたくさんつく。

花が白い
シロウマオウギ

白馬黄耆

【花期】7〜8月
【草丈】15〜40cm
【分類】まめ科

花は仲間でいちばん白く、長さ1.2〜1.5cm。ガクは長さ4〜5mm。葉は小葉がたくさんつき、小葉は狭楕円形で長さ8〜20mm。高山帯の砂礫地や草地に生える。

裂片の数と葉の形で見分ける

紅で化粧した
ツマトリソウ
端取草

淡い紅色の
ふちどりがある

【花期】6〜7月　【草丈】10〜20cm　【分類】さくらそう科

花冠は白色で直径約2cm、ふつう7裂し、裂片の先がとがる。和名は、花のふちが淡い紅色にふちどられることに由来する。葉は互生し、上部に集まって束生する。亜高山帯〜高山帯の林床や草地に生える。

楚々とした
ミツバオウレン
三葉黄蓮

花弁状のガク片5〜6枚

葉が3つ葉

【花期】6〜8月　【草丈】5〜10cm　【分類】きんぽうげ科

花は直径約1cm、白い花弁のように見えるのは5〜6枚のガク片で、花に彩りを添えている黄色いスプーンのように見えるのが花弁。葉は3つの複葉。亜高山帯〜高山帯の林縁や湿原などに生える。

葉の形で見分ける

卵形で先がとがり鋸歯がある

2回3出葉の先端

小葉は3〜5中裂し、ふぞろいの切れ込みがある

外側の花弁が大きい

香りに圧倒される
ミヤマシシウド
深山猪独活

【花期】7〜8月
【草丈】50〜150cm
【分類】せり科

小花が25〜40個集まった小花序がお皿を伏せた形に集まって直径10〜20cmの大きな花序をつくる。葉は幾度も分かれた複葉で、小葉は長さ6〜15cm、シシウドより広い卵形で先がとがりふちに鋭い鋸歯がある。

周辺部の花が大きい
オオハナウド
大花独活

【花期】7〜8月
【草丈】約1〜2m
【分類】せり科

花が集まった花序の周辺部の花がひときわ大きいことが特徴。葉は大きな複葉(3〜4出羽状複葉)で長い柄があり、小葉は長さ8〜20cm、3〜5中裂し、ふぞろいの切れ込みがある。山地帯〜亜高山帯の草地に生える。

羽状に切れ込み先がとがる

枝が傘の骨の形

1～3回3出複葉の一部

小葉は卵形で鋸歯がある

傘を思わせる
オオカサモチ
大傘持

【花期】 7～8月
【草丈】 約1.5m
【分類】 せり科

太い茎から傘の骨のように枝を出し、大きな花序をつくるのが特徴。花は直径3mmほどの小さな白花。葉は1～3回分かれた羽状の複葉で、細かく切れ込み先がとがる。高山帯の草地に生える。大型の高山植物。

半円の小花序が集まった
ミヤマゼンゴ
深山前胡

【花期】 7～8月
【草丈】 40～60cm
【分類】 せり科

小さな花が半円状に集まった小花序がたくさん集まって、大花序をつくる。花は白色で直径約2.5mm。葉は羽状の複葉、小葉は小さく卵形で長さ1～3cm、鋭い鋸歯がある。亜高山帯～高山帯の草地や砂礫地に生える。

葉の形で見分ける

小葉は細かく切れ込む

小葉は卵円形

つぼみのときはレンガ色
タカネイブキボウフウ
高嶺伊吹防風

【花期】8〜9月
【草丈】10〜70cm
【分類】せり科

花のつぼみはレンガ色だが開花すると白くなる。中央の花序が特に大きく、小さな花序が20〜40個集まる。根生葉は幾つにも分かれた羽状の複葉で、長さ5〜20cm。小葉は細かく切れ込む。高山帯の礫地や草地に生える。

花がまばらにつく
ハクサンボウフウ
白山防風

【花期】8〜9月
【草丈】30〜50cm
【分類】せり科

花は直径2〜3mmの白い小花が、花序にまばらにつく。根生葉は幾つにも分かれた羽状の複葉で7〜18cm、小葉は披針形〜卵円形で粗い鋸歯がある。亜高山帯〜高山帯の草地や砂礫地に生える。防風はセリ科植物の漢名。

細かく
切れ込む

葉が細かく切れ込んだ
ミヤマウイキョウ
深山茴香

【花期】7〜9月
【草丈】10〜40cm
【分類】せり科

同定がむずかしいセリ科のなかで、本種は根生葉が幾つも分かれてニンジンの葉のように細かく切れ込んでいるのが特徴。花は白色、まれに桃色を帯び直径1.5〜2mm。高山帯の岩石地や草地に生える。

【せり科の見分け方】

セリ科の花は亜高山帯や高山帯のお花畑で必ず見かける。礫地や樹林下でも見かける。いずれも小さな花を数えきれないほどつけた花序がたくさん集まって大きな花序をつくっているので、花の名前を当てるのは大変である。見分け方のひとつに葉の形がある。よく見ると小葉の形が違っている。広い葉、細かく裂けた葉、糸のような葉、それぞれ違った切れ込みがある。また、オオカサモチのように枝の形で区別できるものや、花の形で分かるオオハナウドもある。近づいて、よく観察すると、香りのよい花々であることも実感できる。

花と葉の形で見分ける

5弁花で花弁が2つに深く裂ける

花弁の先に細かい鋸歯がある

花弁が10個に見える
イワツメクサ
岩爪草

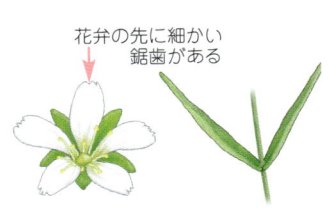

葉をマット状に広げる
タカネツメクサ
高嶺爪草

【花期】7〜8月
【草丈】10〜20cm
【分類】なでしこ科

【花期】7〜8月
【草丈】3〜7cm
【分類】なでしこ科

花は白色の5弁花で直径約1.5cm、花弁は2つに深く裂けるので10弁花のように見える。ガク片に隆起した細い3つの脈がある。葉は線形で長さ2〜4cm。亜高山帯〜高山帯の砂礫地や岩礫地に生える。

花は直径約1cm、ふつう枝先に1個つく。花弁は白色で先に細かい鋸歯があり長さ7〜9mm。葉は針形で長さ8〜15mm、マット状に密につく。乾いた環境を好み、高山帯の砂礫地や岩礫地に生える。

直径5〜6mm

葉は細く線形

雄しべの葯が紅色
ホソバツメクサ
細葉爪草

【花期】7〜8月
【草丈】4〜13cm
【分類】なでしこ科

花は直径5〜6mmの星形で、枝先に数個ずつつく。花弁とガク片がほとんど同じ長さで、雄しべの葯が紅色。葉は細く線形で先が針状、長さ3〜10mm。高山帯の砂礫地や岩場に生える。

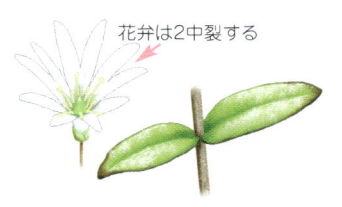

花弁は2中裂する

花弁が半分まで裂けた
クモマミミナグサ
雲間耳菜草

【花期】7〜8月
【草丈】10〜20cm
【分類】なでしこ科

花は白色の5弁花で、花弁が2分の1くらいまで裂けるのが特徴。(母種のミヤマミミナグサは2中裂した花弁がさらに深く裂ける)。葉は広線形〜線状披針形で長さ8〜20mm。北アルプス北部の礫地に特産する。

花と葉の形で見分ける

花弁は2中裂する

花弁は長い倒卵形

白っぽい三角状の花
シコタンハコベ
色丹繁縷

【花期】 7〜8月
【草丈】 7〜17cm
【分類】 なでしこ科

先がとがった長い三角状で緑白色の葉が特徴、長さ1〜3cm。花は長い花柄の先につき直径1.5cm、花弁は白色で深く2中裂する。全体に灰白色を帯びる。亜高山帯〜高山帯の砂礫地や岩礫地に生える。

細長い茎
オオヤマフスマ
大山衾

【花期】 6〜8月
【草丈】 10〜20cm
【分類】 なでしこ科

細長い茎の先に1〜3個の白い小さな花をつける。花弁は長い倒卵形で、長さ5〜8mm。葉は柄がなくて広い楕円形から倒披針形、長さ10〜25mm。山地帯の草原に生える。

花弁の先は
細かく裂ける

白いナデシコ
センジュガンピ
千手岩菲

【花期】7～8月
【草丈】40～100cm
【分類】なでしこ科

細長い花柄の先に直径約2.5cmの白い花をつける。花弁は5枚で先が浅く2裂し、裂片はさらに浅く裂ける。葉は薄く柄がなく、披針形～広披針形で先がとがり、長さ5～14cm。山地帯～亜高山帯の林下に生える。

【なでしこ科】

日本の亜高山帯～高山帯で見られる、赤い色のタカネナデシコ、タカネビランジなどはナデシコ科の花だとすぐに分かるが、ここに記したイワツメクサ、クモマミミナグサ、シコタンハコベなどの小さな白い花は、撫子のイメージではない。専門家は、花弁の裂け方、花柱の数、種子の突起の有無、ガク片が離生するか合着して萼筒をつくるかなどを見るのだろうが、そのようなことは一般的でないので、ここでは花の形や花弁の裂け方、葉の形、寸法などで区別できるように記した。近づいてルーペで観察してほしい、ナデシコ科の花らしく、みんなやさしい表情をしている。

花柱の形で見分ける

花柱が曲がる
ミヤマホツツジ
深山穂躑躅

花柱が太くて外に曲がる

【花期】7～8月　【高さ】30～50cm　【分類】つつじ科

花は若い枝の先に3～8個つく。花冠は紅を差し、3つに深く裂け、裂片は反り返る。特徴は、花柱（雄しべの柄）が太くて外に曲がること。葉は互生し、長さ3～5cmの倒卵形～倒卵状長楕円形。

紅を差した
ホツツジ
穂躑躅

花柱は少し上を向くだけ

【花期】7～8月　【高さ】1m　【分類】つつじ科

花は枝先に円錐状にたくさんつく。花冠は紅を差し、3つに深く裂け、裂片は反り返る。花柱は少し上を向くだけで、上に大きく曲ってしまうミヤマホツツジと区別できる。日当たりのよい山地に生える。

葉の形で見分ける

茎葉は線状披針形

茎葉は
卵形～長楕円形

背高のっぽの
ミヤマハタザオ
深山旗竿

【花期】 5 ～ 8 月
【草丈】 5 ～30cm
【分類】 あぶらな科

茎葉は茎を抱かない。根生葉はへら状の倒卵形で長さ1.5 ～ 9 cm、葉は全縁であるか、山形のギザギザが2 ～ 3個ある。花はまれに淡い紅色。花弁は倒卵形で長さ3 ～6.5mm。山地帯～高山帯の礫地や岩場に生える。

少し花が大きい
ウメハタザオ
梅旗竿

【花期】 7 ～ 8 月
【草丈】 10～20cm
【分類】 あぶらな科

根生葉は狭い倒卵形、茎葉は長さ1 ～ 2 cmの卵形～長楕円形で茎を抱く。花は白色まれに淡い紅色を帯びる。花弁は長さ約1.2 cm、仲間では少し大型。高山帯の礫地や岩場に生える。

63

葉の形で見分ける

切れ込みが深く、裂片は上を向く

へら状線形で光沢がある

葉の切れ込みが深い
クモマナズナ
雲間薺

【花期】 6～7月
【草丈】 9～15cm
【分類】 あぶらな科

茎葉の切れ込みが深く、上を向いた裂片が目立つ。根生葉は密生し、へら状線形～倒披針形。花は白色で10～20個が総状につく。花弁は倒卵状楕円形で先はへこむ。亜高山帯～高山帯の岩礫地や岩壁に生える。

岩場を好む
シロウマナズナ
白馬薺

【花期】 7～8月
【草丈】 5～15cm
【分類】 あぶらな科

葉はへら状線形で表面に光沢があり、全縁または1～2対の突起があり、ふちにだけ毛があることが特徴。花は白色で花茎の先に数個～10数個つく。花弁は倒卵形で長さ2.5mm。高山帯の岩礫地や岩の隙間に生える。

小葉は
2から4対ある

水湿地に咲く
オクヤマガラシ
奥山芥子

【花期】 7〜8月
【草丈】 15〜40cm
【分類】 あぶらな科

根生葉は羽状の複葉で、小葉は2から4対あり、長さ1.5〜4cmの卵形〜円形、ふちに山形のギザギザがある。花は白色で5〜10個が総状につく。花弁は長さ5〜6mm。山地帯〜亜高山帯の水湿地や流れのふちに生える。

【あぶらな科の見分け方】

アブラナ科の花は4枚の花弁が十字形についていて、いずれもよく似ている。専門家は同定で花弁の形、果実の形などまで調べるが、花の山旅では、そこまでできない。少し観察するだけで花の名を同定するには、葉の形と全体の姿を見よう。たとえば茎葉が茎を抱くか抱かないか、葉のふちの切れ込みがどうなっているか確認できます。ここにあげた以外に、へら状の根生葉が羽状に少し深く切れ込むハタザオ、楕円形の葉が矢筈形で茎を抱くタカネグンバイなどがある。また、黄色い花のヤマガラシや紫色を帯びた茶色のハクセンナズナがある。

葉の形、花の付き方で見分ける

ひときわ背が高い
イブキトラノオ
伊吹虎の尾

茎を抱く

【花期】7～9月　【草丈】50～120cm　【分類】たで科

花序は長さ3～8cmの円柱形で、茎の先に1個つく。花は白色～淡紅色で、8個の雄しべが花被片より長い。根生葉は長い柄がある。茎葉は卵状楕円形で先がとがる。山地帯～高山帯の草地に生える。

花穂にムカゴがつく
ムカゴトラノオ
零余子虎の尾

花序の下半分にムカゴがつく

【花期】6～9月　【草丈】5～30cm　【分類】たで科

花序は長さ2～10cm、茎の先に1個つく。花は白色～淡紅色で、花序の下半分にむかごができることが特徴。根生葉は広線形で長い柄があり、長さ2～13cm。高山帯の岩礫地に生える。

根生葉は線形
イワショウブ
岩菖蒲

花が3個ずつつく

【花期】8～9月　【草丈】20～40cm　【分類】ゆり科

花は花茎の頂の1節ごとに3個つく。花被片は白色～淡い紅を差し、長楕円形で長さ5～7mm。根生葉は線形で長さ10～40cm、先がとがる。花茎の上部と花序は粘る。亜高山帯の湿原や湿地に生える。

根生葉は剣状
ヒメイワショウブ
姫岩菖蒲

花が1個ずつつく

【花期】7～8月　【草丈】5～15cm　【分類】ゆり科

花は茎頂の1節ごとに1個つく。花被片は淡緑色を帯びた白色の長楕円形で長さ約3mm。根生葉は剣状で長さ1.5～7cm、先は急にとがり、ふちに細い突起がある。亜高山帯～高山帯の草地や礫地に生える。

葉の形で見分ける

肩を寄せあう
ミヤマコゴメグサ
深山小米草

【花期】7〜8月
【草丈】6〜20cm
【分類】ごまのはぐさ科

花冠は白色で下唇の内面に黄斑と長い毛がある。上部の葉の脇ごとに1花をつける。苞葉やガク裂片の先がとがる。葉は倒卵形〜へら形で先は鈍く基部が急に細くなっている。

基部が急に細くなる
（ミヤマコゴメグサ）

葉が細く基部はしだいに細くなる
（ホソバコゴメグサ）

基部が丸形
（マルバコゴメグサ）

葉が細い
ホソバコゴメグサ
細葉小米草

【花期】8〜9月
【草丈】5〜15cm
【分類】ごまのはぐさ科

葉が細く、長さは幅の2〜3倍であることが特徴。葉の鋸歯も苞葉も先がとがらない。花はミヤマコゴメグサに似ている。関東北部から北の高山帯に生える。

丸味のある葉の
マルバコゴメグサ
丸葉小米草

【花期】7〜8月
【草丈】6〜20cm
【分類】ごまのはぐさ科

葉の基部が丸形であることが特徴。葉の上半部のふちに2〜3対の鈍い鋸歯がある。花はミヤマコゴメグサに似ている。東北の飯豊山の乾いた礫地に生える。

花や葉の形で見分ける

梅鉢紋に似ている
コウメバチソウ
小梅鉢草

花弁が重なりあって咲く

【花期】7〜9月　【草丈】3〜15cm　【分類】ゆきのした科
ウメバチソウの高山型。花茎を抱く1枚の葉がつくことがウメバチソウ属の特徴。花は直径約1cmで、花弁は重なりあって咲く。和名は、花の形が天満宮の紋章として知られる梅鉢紋に似ていることによる。

小さな星形の
ヒメウメバチソウ
姫梅鉢草

ガク片が見える

【花期】8月　【草丈】5〜15cm　【分類】ゆきのした科
花は小さい星形で、直径0.8〜1cm。花弁が少し離れガクがのぞく。花茎を抱く1枚の葉がつく。根生葉は数個で柄があり、腎円形または広卵形で長さ約1cm。高山帯のやや湿った草地や雪田周辺に生える。

上品な香り
サンカヨウ
山荷葉

【花期】5〜7月
【草丈】30〜60cm
【分類】めぎ科

花は白い花弁状の6枚のガク片で直径2cm、とてもよい香りがする。2枚の茎葉のうち下の葉は柄があり腎円形で長さ20〜30cm、上の葉は下の葉に似ているが小さくて柄がない。山地帯〜亜高山帯の林縁などに生える。

花弁状の白いガク片

2枚ある葉の下の葉

葉っぱの傘
キヌガサソウ
衣笠草

【花期】6〜8月
【草丈】30〜80cm
【分類】ゆり科

花は直径6〜7cm。花弁状に見えるのは白い外花被片で、はじめ白色だがのちに淡い紅色に変る。葉は8〜10枚が輪生し、この形を奈良時代に高貴な人にさしかけた衣笠に見たてた和名。亜高山帯の湿った林内に生える。

大きな葉を傘のように広げる

初夏を知らせる
ミズバショウ
水芭蕉

【花期】	5〜7月
【草丈】	10〜30cm
【分類】	さといも科

白い花に見えるのは棒状の花序をとりまく仏炎苞で、長さ8〜15cm。花は花序にたくさんついている点々で直径約4mm。花被片は4個、雄しべの黄色い葯が目立つ。山地帯〜亜高山帯の湿原や湿地に生える。

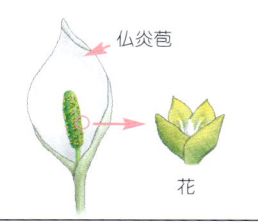

仏炎苞
花

黄葉する
イワイチョウ
岩銀杏

【花期】	7〜8月
【草丈】	20〜40cm
【分類】	みつがしわ科

葉は黄葉すると、色も形もイチョウにそっくり。花冠は長さ約8mmの漏斗状で5つに深く裂ける。裂片は狭卵形でふちに波状のしわがあり、中央に縦ひだがある。亜高山帯〜高山帯の湿原や、やや湿ったところに生える。

イチョウによく似た葉

里にも咲く
ミツガシワ
三槲

【花期】4〜8月
【草丈】20〜40cm
【分類】みつがしわ科

花は白色または紫色を帯び、10〜20個が総状につく。花冠は直径10〜15mmで5裂し、裂片の内側に白い毛がある。根生葉は3小葉で、小葉がカシワの葉に似ていることによる和名。山地帯〜高山帯の沼や沢に生える。

裂片の内側に白い毛がある
花冠は5裂する

よい香りの
ミズチドリ
水千鳥

【花期】6〜7月
【草丈】50〜90cm
【分類】らん科

花は純白の千鳥を思わせ、茎の上部にたくさんつく。よい香りがするのでジャコウチドリの別名もある。葉は線状披針形で、下方ほど大きくなり長さ10〜20cm。山地帯の湿地に生える。

花は白色。よい香りがする

純白の小さな花
オサバグサ
筬葉草

【花期】6〜8月
【草丈】15〜25cm
【分類】けし科

シダの葉を思わせる葉の形が特徴。和名は、その葉を機織りに用いる筬（おさ）に見たてたもの。花は花茎の先に長い花柄をつけて下向きに咲く。花弁は4個で長さ約5mmの長楕円形。亜高山帯の針葉樹林内に生える。

シダを思わせる葉

小さな百合が集まった
ツバメオモト
燕万年青

【花期】5〜7月
【草丈】20〜30cm
【分類】ゆり科

花茎の上部に1〜数個の白い花がまばらにつく。花被片は6個で長楕円形、長さ10〜15mm。花が終ると花茎は40〜70cmに伸びる。根生葉は倒卵状長楕円形で長さ15〜30cm。亜高山帯の針葉樹林の下などに生える。

ひとつひとつは小さな百合の花

登山道でよく見かける
ゴゼンタチバナ
御前橘

【花期】 6〜7月
【草丈】 5〜20cm
【分類】 みずき科

花はふつう白色で花弁状の総苞片4枚が十字に並ぶ。葉は倒広卵形ときに菱形状楕円形で、長さ2〜8cm。6枚が輪生するものに花がつき、4枚のものはつかない。亜高山帯の針葉樹林帯に生える。秋、赤い実を付ける。

花は花弁状の総苞片4枚

葉が眠る
コミヤマカタバミ
小深山酢漿草

【花期】 7〜8月
【草丈】 5〜15cm
【分類】 かたばみ科

花は白色で直径2〜3cm、脈はしばしば紫色を帯びる。葉はクローバーと同じ形の複葉で、葉柄は長さ3〜10cm。小葉は夜になると閉じ、睡眠運動をする。亜高山帯の針葉樹林に生える。

クローバーと同じ形の葉

葉の形が舞う鶴を思わせる
マイヅルソウ
舞鶴草

【花期】5～7月
【草丈】10～25㎝
【分類】ゆり科

葉は卵心形で長さ3～7㎝、基部は深い心形で先はとがる。この形を、翼を広げた鶴に見たてた和名。花は白色で長さ2㎜の花被片が4個、平開して先がとがる。山地帯～亜高山帯の針葉樹林下に生える。

葉の形を鶴が羽を広げた姿に見立てた和名

花被片4個

葉緑体がない
ギンリョウソウ
銀竜草

【花期】4～8月
【草丈】8～20㎝
【分類】いちやくそう科

和名は、全体に白色で茎の先に花が1個下向きにつく形を竜に見たてて、銀竜草と名づけられた。また、薄暗い林の中に咲く姿からユウレイソウ（幽霊草）ともいう。山地帯の、湿り気のある腐植地に生える。

葉緑体のない植物

葉がカニの形
カニコウモリ
蟹蝙蝠

【花期】8〜9月
【草丈】60〜95cm
【分類】きく科

茎の先に円錐状に花序をつくり、白色の頭花をつける。総苞は筒状で長さ8〜9mm、総苞片は3枚。小花は3〜5個、花冠は長さ8〜8.5mm。葉はカニの甲羅を思わせる形で幅10〜20cm。針葉樹林下に生える。

カニの甲羅を思わせる形

小さなネギ坊主
ギョウジャニンニク
行者忍辱

【花期】6〜7月
【草丈】40〜70cm
【分類】ゆり科

長い茎の先にネギ坊主によく似た花序をつくる。花被片は白色ときにやや黄色を帯び、長楕円形で長さ5〜6mm。雄しべは花被片より長く葯は黄緑色。葉は扁平の長楕円円形で、長さ20〜30cm。深山の林下に生える。

雄しべが花被片より長い

双子の花
オオヒョウタンボク
大瓢箪木

【花期】6〜7月
【草丈】1〜2m
【分類】すいかずら科

葉の脇から長い花柄を出し白色の花を2個つける。花冠は長さ約1.5cmで上部が2裂して唇形になり、上唇はさらに4つに裂ける。葉は長さ4〜10cm、倒卵形〜長楕円形で先がとがる。亜高山帯〜高山帯に生える。

上唇は4つに裂ける

白花の集合体
コバイケイソウ
小梅蕙草

【花期】6〜8月
【草丈】50〜100cm
【分類】ゆり科

花は白色で円錐状にたくさん集まって咲く。ふつう中央の枝に両性花、脇の枝に雄花がつく。花被片は長さ6〜8mmの長楕円形。雄しべは6個、花被片より長い。山地帯〜亜高山帯の湿原に生える。

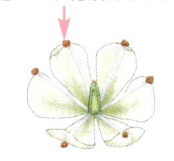

雄しべが花被片より長い

林縁のバレリーナ
ヒメイチゲ
姫一花

【花期】	5〜8月
【草丈】	5〜15cm
【分類】	きんぽうげ科

花は白色で直径が約1cm、この仲間でもっとも小さい。花弁のように見えるのは長楕円形の白いガク片5枚。茎葉は披針形の小葉3枚からなる複葉が、3個輪生する。山地帯〜亜高山帯の林縁や草地に生える。

3小葉が3個輪生する

3小葉

花がいくつも集まって巴形
エゾシオガマ
蝦夷塩竃

【花期】	8〜9月
【草丈】	20〜50cm
【分類】	ごまのはぐさ科

枝先の葉の脇に1花をつける。花冠は黄味を帯びた白色で長さ1.5cm、上唇は細長くてとがり、下唇は広く開いて先が浅裂する。葉は三角状披針形で長さ2〜6cm、ふちに重鋸歯がある。高山帯の草地に生える。

花は葉の脇につく

背が高いので鬼の名がついた
オニシモツケ
鬼下野

【花期】7～8月
【草丈】1～2m
【分類】ばら科

花序は散房形で、直径6～8mmの白色～薄い紅色の小さな花が集まる。花弁は卵円形で5枚、雄しべが花弁より長い。葉は大きな羽状の複葉で、小葉はふぞろいの重鋸歯がある。山地帯～亜高山帯の湿った草地に生える。

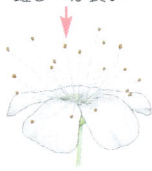

雄しべが長い

雪の結晶を思わせる
ユキザサ
雪笹

【花期】5～7月
【草丈】20～70cm
【分類】ゆり科

斜めに傾いた茎の上部に、雪のように白い花を円錐状につけた花序をつくる。花被片は長楕円形で長さ3～4mm。葉は笹の葉に似て長さ6～15cm。裏面の脈上にあらい毛がある。山地帯の林下に生える。

純白の小さな花

スマートな印象の
クリンユキフデ
九輪雪筆

【花期】	5～7月
【草丈】	15～40cm
【分類】	たで科

雪のように白い筆にたとえられた花序は長さ1～3cm。葉の脇の花序は短い。白い花弁状の花はガク片で、長さ2.5～3mm。根生葉は長い柄があり、卵状心形で先が鋭くとがる。茎葉は茎を抱く。山地帯の木陰に生える。

花は卵形をした花弁状のガク片

雅楽奏者の冠
オオレイジンソウ
大伶人草

【花期】	7～8月
【草丈】	50～100cm
【分類】	きんぽうげ科

花序は総状に緑色を帯びたクリーム色の花をつける。花は長さ約2.5cm。花の形を雅楽の伶人が被る冠に見たてた和名。葉は腎円形で7～9中裂し、裂片はさらに浅く裂ける。亜高山帯の林縁や林内に生える。

長い冠が目をひく

高くまで登った
ミヤマツボスミレ
深山壺菫

【花期】	6〜7月
【草丈】	5〜10cm
【分類】	すみれ科

花は小型で白色、唇弁に青紫色の筋があり、距は長さ2〜3㎜。葉は3角状にかたよった円心形で低い鋸歯がある。ツボスミレの高山型で本州中部以北の、亜高山帯〜高山帯の湿った草地に生える。

唇弁に青紫色の筋がある

葉が細い
チシマアマナ
千島甘菜

【花期】	6〜8月
【草丈】	7〜15cm
【分類】	ゆり科

花は白色で花茎の先に1個つく。花被片は6個あり、長楕円形で長さ10〜15㎜。葉は線状で、2個の根生葉と3〜4個の茎葉がある。高山帯の乾いた礫地や草地に生える。

花茎の先に1個つく

81

白い雄しべが目立つ
タカネトウウチソウ
高嶺唐打草

【花期】	8〜9月
【草丈】	40〜80cm
【分類】	ばら科

花序は茎の頂や枝の先に1個ずつつき、長さ3〜8cmの円柱形。花は白色で花序の下から上に向かって咲くことが特徴。根生葉は11〜13個の小葉からなり、小葉は卵円形でふちに鋸歯がある。高山帯の草地に生える。

奇数羽状複葉

大きな花穂が目立つ
サラシナショウマ
晒菜升麻

【花期】	8〜10月
【草丈】	40〜150cm
【分類】	きんぽうげ科

長い茎の先に小さな花を密につけた花序をつくる。花は柄があり、花弁は長さ3〜5mm。葉は幾つにも分かれた複葉、小葉は卵形で長さ3〜8cm、ふぞろいの鋸歯がある。山地帯〜亜高山帯の草地や落葉樹林内に生える。

3出複葉

葉がマット状の
イワウメ
岩梅

【花期】7月
【草丈】地を這う
【分類】いわうめ科

地を這った枝先から長さ1〜2cmの花柄を伸ばし、1個の花をつける。花は直径1.5mmの白色かクリーム色で、梅の花を思わせる。葉は長さ6〜15mm、互いに重なってマット状になる。高山帯の岩場や岩礫地に生える。

梅の花に似ている

幾何学模様に見える
クモマグサ
雲間草

【花期】7〜8月
【草丈】2〜10cm
【分類】ゆきのした科

花は直径約1.3cm、花弁は白色の広卵形で基部が急に細くなることが特徴。花を真上から見ると白い花弁と緑色のガク片が幾何学模様に見える。葉は6〜20mmの倒披針形。高山帯の岩礫地やカールの底に生える。

花弁の基部が急に細くなる

83

岩に隠れて咲く
チシマイワブキ
千島岩蕗

【花期】7月
【草丈】5〜25cm
【分類】ゆきのした科

花序は散房形でたくさんの花をつける。花は直径6〜8mm、花弁は白色まれに赤紫色。葉は腎円形で山形の鋸歯がある。高山帯の湿った岩場や、雪が遅くまで残る雪田周辺に生える。

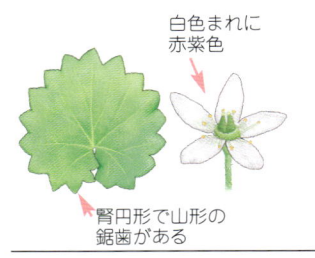

白色まれに赤紫色

腎円形で山形の鋸歯がある

紅いムカゴが目印
ムカゴユキノシタ
零余子雪の下

【花期】7〜8月
【草丈】4〜25cm
【分類】ゆきのした科

茎葉の脇や苞の脇に赤褐色のむかごをつけるのが特徴。花は1〜2個の白い花がつき、花弁は長さ約6mmの長い倒卵形。根生葉は直径5〜15mmで掌状に5〜7中裂する。高山帯の湿った岩礫地に生える。

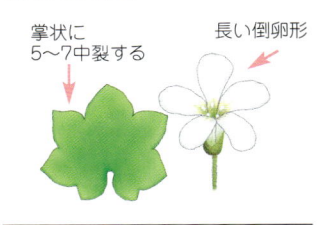

掌状に5〜7中裂する

長い倒卵形

「大」の字がいっぱい
ミヤマダイモンジソウ
深山大文字草

【花期】7～8月
【草丈】2～20cm
【分類】ゆきのした科

花は左右相称で、下の2枚の花弁が長いために「大」の字に見える。雄しべは10個。根生葉は腎円形で直径1～4cm、ふちは掌状に浅く裂け、裂片にふぞろいの鋸歯がある。高山帯の湿った岩場や草地に生える。

「大」の字の花

白いリンドウ
シロウマリンドウ
白馬竜胆

【花期】8～9月
【草丈】10～40cm
【分類】りんどう科

花は白色で、花柄が長さ5～12cmと長いことが特徴。花冠は長さ2.5～3.5cmの筒状の鐘形で、3分の1～2分の1ほど裂けて平開する。花の中央は紫色を帯びる。茎葉は卵状の長楕円形で長さ2～7cm。高山帯に生える。

花柄が長い

コラム

［植物の知恵］

　花を撮影していると、生活ぶりが巧みで、その知恵に驚かされることばかりです。虫をひき寄せるために香りがあることは、よく知られるところですが、たとえばサンカヨウ（P70）に出会ったら、ぜひその香りをたしかめて下さい。言葉では伝えられないほどの上品な香りがします。

　梅に似た花をつけるイワウメの、重なり合ったマット状の葉は、水を蒸発させないための知恵でしょう。

　聞くところによると、高山植物の女王と呼ばれるコマクサは、他の植物の侵略から身を守るため厳しい環境の地で独立国をつくったと言います。

　さらに驚かされるのは、ムカゴトラノオやムカゴユキノシタです。ムカゴは、受精なしで大きくなるのですから、遺伝子的にはクローンなのだそうです。

黄 色系の花

明るくてファンタジックな花の色は黄色でしょう。淡い黄色の花は愛らしく、濃くなると成熟した印象を持ちます。

総苞片の形や色で見分ける

親しみを覚える
ミヤマタンポポ
深山蒲公英

内片
外片

外片の長さは内片の2分の1〜3分の1

【花期】6〜8月　【草丈】10〜20cm　【分類】きく科

タンポポは、花をささえる総苞の形で区別できる。本種は総苞の外片の長さが、内片の2分の1〜3分の1しかないことが特徴。頭花は濃い黄色で直径4cm。本州中部地方の日本海側の高山帯に生える。

下から見よう
シロウマタンポポ
白馬蒲公英

先端に角状の突起がある

【花期】7〜8月　【草丈】約10cm　【分類】きく科

花をささえる総苞片の先に小さな角状の突起があることが特徴。花は里のタンポポと変らない感じで、頭花は日が陰るとしぼむ。葉は10〜20cmで羽状に裂ける。白馬岳と南アルプスの一部の高山帯に生える。

総苞が黒っぽい
カンチコウゾリナ
寒地髪剃菜

披針形で剛毛が生える

総苞に剛毛が生える

【花期】7/下旬～8月　【草丈】約30cm　【分類】きく科

花をささえる総苞は黒緑色で、長さ1～2mmの剛毛が生えていることが特徴。頭花は黄色で直径2.5～3cm。茎や葉にも黒っぽい剛毛が多く、茎葉は長さ4～15cmの披針形。高山帯の草地に生える。

全体にやわらかい感じ
ミヤマコウゾリナ
深山髪剃菜

内片
外片
倒披針形
外片は先がとがり内片はとがらない

【花期】7～8月　【草丈】10～45cm　【分類】きく科

総苞は黒味を帯びて長さ6～10mm、総苞片の外片は披針形で先がとがり、内片は線状披針形でとがらないことが特徴。頭花は数個つき、濃い黄色で直径約2cm。亜高山帯～高山帯の草地や礫地に生える。

舌状花の数で見分ける

舌状花の数が5〜9個
オタカラコウ
雄宝香

【花期】 7〜10月
【草丈】 1〜2m
【分類】 きく科

フキの葉を思わせる腎円形で、頭花の舌状花が5〜9個と数が多い。葉は長さ約30cm、長い柄があり、ふちには山形の鋸歯がある。山地帯〜亜高山帯の湿った草地に生える。

フキの葉を思わせる腎円形
舌状花は5〜9個
（オタカラコウ）

三角状の心形
舌状花は1〜4個
（メタカラコウ）

角ばった心形
舌状花は5個
（カイタカラコウ）

舌状花が1〜4個
メタカラコウ
雌宝香

【花期】 6〜9月
【草丈】 50〜100cm
【分類】 きく科

根生葉が三角状の心形で、ふちにはふぞろいの鋭い鋸歯がある。頭花の舌状花は1〜4個。総苞は細い筒形。山地帯〜亜高山帯の湿地に生える。

舌状花が5個
カイタカラコウ
甲斐宝香

【花期】 7〜8月
【草丈】 30〜60cm
【分類】 きく科

根生葉は角ばった心形または腎形。頭花の柄の基部にある苞葉が目立つ。頭花の舌状花は5個。総苞は直径5mmの筒形。亜高山帯の湿地に生える。

葉の形と黒点で見分ける

葉が長楕円形でふちに黒点
シナノオトギリ
信濃弟切

【花期】7～8月
【草丈】10～30cm
【分類】おとぎりそう科

葉のふちにはつねに黒点があり、葉面に少数の明点が入り、形はふつう細い長楕円形だが形に変化がある。花は直径1.5～2.5cm、1～7個つく。亜高山帯～高山帯に生える。

長楕円形でふちに黒点が集まる
（シナノオトギリ）

葉全体に黒点が多い
（イワオトギリ）

黒点はふちに集まる
（ハイオトギリ）

葉が卵形で全体に黒点
イワオトギリ
岩弟切

【花期】7～8月
【草丈】10～15cm
【分類】おとぎりそう科

葉全体に黒点が多く、明点が少し混じることが特徴。花は小さく直径1.5～2cm、葉は卵形か楕円形でなかば茎を抱く。亜高山帯～高山帯に生える。

葉が広楕円形でふちに黒点
ハイオトギリ
這弟切

【花期】6～8月
【草丈】15～30cm
【分類】おとぎりそう科

黒点は葉のふちに集まり葉面はごくまれ。花は直径2.5～3cm、1～数個がつく。葉は広楕円形で長さ2～5.5cm。亜高山帯～高山帯の草地や礫地に咲く。

花と葉の形で見分ける

3つの小葉

3つの小葉で、葉の裏は白い綿毛が密生する

山で必ず会える
ミヤマキンバイ
深山金梅

【花期】7〜8月
【草丈】10〜20cm
【分類】ばら科

葉は、イチゴの葉にそっくりの3小葉であることが特徴。小葉は長さ1.5〜3cmの倒卵形、ふちに粗い鋸歯がある。花は金色（黄色）の梅に似た5花弁で、直径1.5〜2cm。高山帯の草地や礫地など、どこにでも生える。

葉の裏が白っぽい
ウラジロキンバイ
裏白金梅

【花期】7〜8月
【草丈】10〜20cm
【分類】ばら科

ミヤマキンバイと同じ3小葉であるが、葉の裏に純白の綿毛が密生する。小葉は楕円形で大きな鋸歯がつく。花は黄色で直径1.5〜2cm、花茎に数個つける。花柄にも白毛が見られる。高山帯の礫地や岩の隙間に生える。

掌状に深く裂け裂片はさらに3中裂する

花は橙黄色のガク片
シナノキンバイ
信濃金梅

【花期】7～8月
【草丈】25～80cm
【分類】きんぽうげ科

根生葉は長い柄があり、葉身は掌状に深く裂け、裂片はさらに3中裂し、ふちにふぞろいで鋭い鋸歯がある。花は直径約3cm、花弁状のガク片は5～7枚で橙黄色。花弁は線形で橙色。亜高山帯～高山帯の草地に生える。

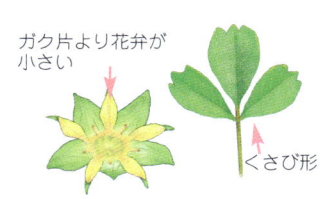

ガク片より花弁が小さい

くさび形

葉がくさび形
タテヤマキンバイ
立山金梅

【花期】7～8月
【草丈】1～6cm
【分類】ばら科

くさび形をした3枚の小葉と、ガク片より小さな花弁が特徴。花は直径8mm、花弁に重なった細い副ガク片がある。小葉は倒卵形で長さ6～20mm、全体に伏毛があり、3～5個の鋸歯がある。高山帯の砂礫地に生える。

花と葉の形で見分ける

鳥足状に
5中〜深裂する

群生して金色の海をつくる
ミヤマキンポウゲ
深山金鳳花

【花期】 7〜8月
【草丈】 10〜50cm
【分類】 きんぽうげ科

根生葉は柄があり葉身は2.5〜8cmで、鳥足状に5中〜深裂する。裂片はさらに2〜3裂し、ふちにはふぞろいの鋸歯がある。花は直径約2cmの黄色い5弁花。亜高山帯〜高山帯の草地や礫地に生える。

3つに深く裂け、側裂片はさらに2〜3裂する

北岳の特産
キタダケキンポウゲ
北岳金鳳花

【花期】 7〜8月
【草丈】 8〜20cm
【分類】 きんぽうげ科

根生葉は柄があり長さ3〜4cm、葉身は3つに深く裂け、側裂片はさらに2〜3中〜深裂する。花は茎の先に1個つき、直径約1.5cm。花弁は長楕円形で長さ約6mm。南アルプス北岳の特産で、高山帯に生える。

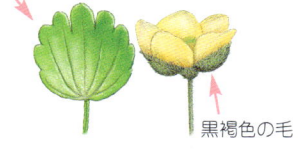

扇形で
3〜9中〜浅裂する

黒褐色の毛

3つに深く裂け側裂片
はさらに2〜3浅裂する

花は直径7〜8mm

白馬連峰の特産
タカネキンポウゲ
高嶺金鳳花

【花期】 7/下〜9/上旬
【草丈】 8〜15cm
【分類】 きんぽうげ科

根生葉は扇形で柄があり長さ1〜3.5cm、葉身は3〜9中〜浅裂する。茎葉は柄がなく、3〜6深裂する。花は1個つき、直径約2cm。ガク片の外側に黒褐色の毛を密生する。日本では北アルプスの白馬連峰にのみ生える。

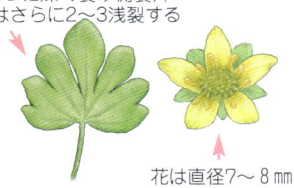

小さな金色の花
クモマキンポウゲ
雲間金鳳花

【花期】 8月
【草丈】 3〜7cm
【分類】 きんぽうげ科

根生葉は柄があり葉身は腎円形で3つに深く裂け、側裂片はさらに2〜3浅裂する。茎葉は柄がないか、あっても短く、3中〜深裂する。花は1個つき直径7〜8mm。日本では北アルプスの白馬連峰にのみ生える。

花と葉の形で見分ける

頂小葉

ふぞろいの切れ込み

茎の先や茎葉の脇に1個ずつつける

花弁がハート形
ミヤマダイコンソウ
深山大根草

【花期】7～8月
【草丈】10～30cm
【分類】ばら科

根生葉は頂小葉が大きく直径5～12cmの円形、ふぞろいの鋸歯がある。側小葉は小さい。花は直径2～2.5cm。花弁は丸いハート形で5枚、幅8～10mmで、少し橙色を帯びた黄色。亜高山帯～高山帯の岩石地に生える。

水辺や湿地に咲く
リュウキンカ
立金花

【花期】5～7月
【草丈】15～50cm
【分類】きんぽうげ科

根生葉は心円形～腎円形で、基部は深くへこみ、ふちに低い鋸歯があり、長さ幅とも3～10cm。花は花弁状のガク片で直径2～2.5cm、茎の先や茎葉の脇に1個ずつつく。山地帯～亜高山帯の浅い水中や湿地に生える。

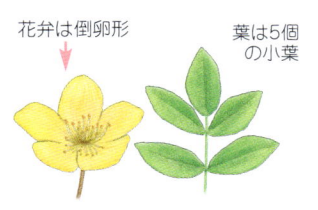

花弁は倒卵形　　葉は5個の小葉

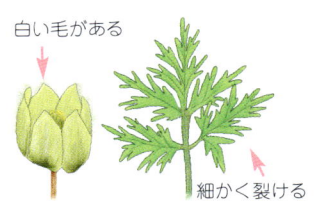

白い毛がある

細かく裂ける

木の花
キンロバイ
金露梅

【花期】 7～8月
【高さ】 30～100cm
【分類】 ばら科

葉は5個の小葉からなる羽状の複葉で、小葉は長楕円形、長さ5～15mm。花は直径20～25mm、花弁は5個で倒卵形。上部の葉の脇に1～3個ずつつける。高山帯の岩場に生える落葉小低木。

白い毛に覆われた
ツクモグサ
九十九草

【花期】 6～7月
【草丈】 12～20cm
【分類】 きんぽうげ科

根生葉も茎葉も細かく裂けて重なる。花は花弁状のガク片6枚で長楕円～楕円形、外面に白い毛があり、直径2.5～3cm。茎や葉も長い軟毛が目立つ。花が終ると花柱が伸びて羽毛状になる。高山帯の礫地や草地に生える。

97

葉の形と色で見分ける

細かく裂ける

人参の葉を思わせる
タカネヨモギ
高嶺蓬

【花期】8月
【草丈】20〜50cm
【分類】きく科

葉は幾度も羽状に裂け、裂片は線状に細いのでニンジンの葉に似ている。花は筒状花が集まった頭花で幅12〜14mm、円錐状にたくさんつく。総苞は半球形で長さ約5mm。高山帯の草地や裸地に生える。

へら形で基部は茎を抱く

葉がへら形の
ミヤマオトコヨモギ
深山男蓬

【花期】8〜10月
【草丈】15〜40cm
【分類】きく科

茎葉は倒披針状のへら形で長さ2〜6cm、先が3〜5裂し基部はなかば茎を抱く。花は10数個の頭花がうつむいて咲く。頭花は筒状花ばかりが集まった半球形で幅8〜10mm。本州中部の高山帯に生える。

裂片の先端は幅1mm

羽状に深く裂け裂片は線形

なんとなく白っぽい
ハハコヨモギ
母子蓬

【花期】 7～8月
【草丈】 7～15cm
【分類】 きく科

全体が白い綿毛におおわれている。茎葉は扇形で、掌状に1～2回裂け、先端は幅1mm。花は筒状花ばかりの頭花で、丸く集まって上向きに咲く。南アルプスと中央アルプスの高山帯に生える。

葉の裏面は銀白色
イワインチン
岩茵陳

【花期】 8～9月
【草丈】 10～20cm
【分類】 きく科

葉は羽状に深く裂け、裂片は線形で幅1～1.5mm、裏面に毛が密生して銀白色に見える。頭花は黄色い筒状花ばかりが密に集まり、直径約4mm。亜高山帯～高山帯の礫地や乾いた草地に生える。茵陳はヨモギの一種の漢名。

99

花と葉の形で見分ける

高い所に咲くスミレ
タカネスミレ
高嶺菫

ふちに波状の鋸歯がある

褐色の筋が入る

【花期】7〜8月　【草丈】5〜12cm　【分類】すみれ科

葉は腎円形で先は丸く、基部は心形、幅2〜4.5cm。葉の表面は深緑色で光沢があり、ふちに波状の鋸歯がある。花色は濃い黄色で花弁は長さ10〜12mm、唇弁に褐色の筋が入る。高山帯の礫地に生える。

葉の脈が紫色を帯びる
クモマスミレ
雲間菫

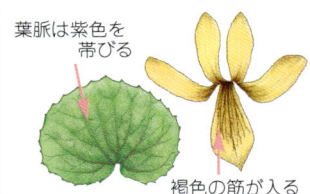

葉脈は紫色を帯びる

褐色の筋が入る

【花期】7〜8月　【草丈】5〜10cm　【分類】すみれ科

葉は腎円形で先が丸く基部は心形、無毛で葉脈は紫色を帯びることが特徴。花色は濃い黄色で花弁は長さ10〜12mm、唇弁に褐色の筋が入る。北アルプスと中央アルプスの高山帯の礫地に生える。

葉が馬の蹄に似ている
キバナノコマノツメ
黄花の駒の爪

葉の形が馬の蹄に似ている
先が少しとがる

【花期】6〜8月　【草丈】5〜20cm　【分類】すみれ科

葉は柔らかな緑色で薄くて光沢がなく、形が馬の蹄に似ている腎円形。花は黄色で花弁は長さ7〜10mm、唇弁が大きくて先が少しとがり、褐色の筋が入る。亜高山帯〜高山帯の湿った草地や岩場に生える。

大きな葉
オオバキスミレ
大葉黄菫

波状の鋸歯がある
唇弁と側弁に紫褐色の筋
側弁
唇弁

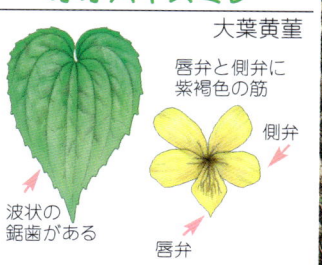

【花期】6〜7月　【草丈】15〜30cm　【分類】すみれ科

大きな葉が特徴で長さ幅とも5〜10cm、波状の鋸歯があり、先は急にとがる。花は黄色で長さ12〜15mm、花弁は卵形、唇弁と側弁に紫褐色の筋が入る。山地帯〜亜高山帯の草地や林縁などに生える。

葉の形で見分ける

フキの葉に似た
マルバダケブキ
丸葉岳蕗

長さ幅とも30cm

【花期】7〜8月　【草丈】40〜120cm　【分類】きく科

フキに似た大きな葉が特徴で、根生葉は長さ幅とも約30cmの腎円形。花は頭花で、直径約8cm。舌状花は10個以内、総苞は直径2cmほどの鐘形。山地帯〜亜高山帯の草地や林縁に生える。

葉が茎を抱く
ミヤマキオン
深山黄苑

舌状花は5〜7個

茎上部の葉は茎を抱く

【花期】7〜9月　【草丈】約30〜40cm　【分類】きく科

キオンの高山型で、茎の上部にある葉は茎を抱くことが特徴。葉は披針形で先がとがり、ふちに鋭くてふぞろいの鋸歯がある。頭花は黄色で、直径約2cm。舌状花は5〜7個。高山帯の草地に生える。

いちにち花
ニッコウキスゲ
日光黄菅

【花期】7〜8月
【草丈】60〜80cm
【分類】ゆり科

花は朝に咲いて夕方にはしぼむいちにち花。花の直径は約5cmで橙黄色、雄しべと雌しべは上に曲がる。葉は長さ45〜100cmの線形で主脈が目立ち、ふちはざらつく。低山帯〜高山帯の草地や、湿った岩場などに生える。

花被片6枚

金の光を思わせる
キンコウカ
金黄花・金光花

【花期】7〜8月
【草丈】20〜40cm
【分類】ゆり科

和名は花色によるが、金光花とも書き、6枚の尖った花被片は金色の光を思わせる。花は直径1.2〜1.5cm、花が終わると緑色になる。葉は線形で長さ10〜30cm。山地帯〜高山帯の湿原や湿地などに生える。

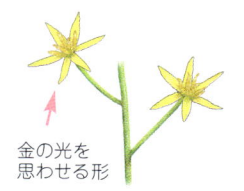

金の光を思わせる形

水辺に咲く
オオバミゾホオズキ
大葉溝酸漿

【花期】7〜8月
【草丈】10〜30cm
【分類】ごまのはぐさ科

葉の脇から長さ2〜3cmの細い花柄を出し、1花をつける。花冠は黄色で長さ2.5〜3cmの唇形、上唇は2裂、下唇は3裂し褐色の斑点がある。葉は卵形で長さ2.5〜6cm。亜高山帯の湿地や水辺に生える。

上唇は2裂
下唇は3裂

舌状花が短い
タカネコウリンカ
高嶺紅輪花

【花期】7〜8月
【草丈】15〜40cm
【分類】きく科

頭花は直径2〜3cm、舌状花は短く、橙黄色で7〜8個。中央の橙赤色は筒状花。総苞は黒紫色の筒形で長さ7〜10mm。根生葉は卵状のへら形で長さ5〜12cm。亜高山帯〜高山帯の草地に生える。

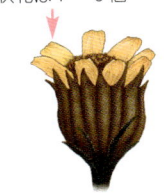

舌状花は7〜8個

枯れ葉のなかで咲く
ウラシマツツジ
裏縞躑躅

【花期】 6〜7/上旬
【草丈】 2〜5cm
【分類】 つつじ科

葉が開く前に、枯れ葉に埋もれるように淡黄色の花を枝先に数個、下向きにつける。花冠は長さ約7mmの壺形で、先が浅く5裂する。葉は長さ1〜5cmの倒卵形、ふちに細かい鋸歯がある。高山帯の草地や礫地に生える。

葉が開く前に花をつける

もっとも高い所で咲く
キバナシャクナゲ
黄花石楠花

【花期】 6〜7月
【草丈】 10〜30cm
【分類】 つつじ科

花は淡い黄色で、枝先に3〜10個つく。花冠はふつうのツツジと同じような広い鐘形で、上部裂片の内側に淡い緑色の斑点がある。葉は厚く長さ3〜6cmの長楕円形で、基部はくさび形。高山帯の礫地などに生える。

上部裂片の内側に淡い緑色の斑点がある

葉は水タンク
イワベンケイ
岩弁慶

【花期】6/下旬〜7月
【草丈】4〜35cm
【分類】べんけいそう科

たっぷり水をたくわえたサボテンを思わせる葉が特徴で、長さ1〜4cm。雌雄異株で、雄花の花弁は黄緑色で直径8mm、雌花の花弁や果実はよく紫褐色となる。亜高山帯〜高山帯の、風当たりの強い岩礫地に生える。

雄花　　雌花

針金のような茎
ミヤママンネングサ
深山万年草

【花期】7〜8月
【草丈】3〜10cm
【分類】べんけいそう科

花は黄色の5弁花で直径約1cm。花弁は長さ3〜3.5mmの長披針形。葉は長さ3〜5mm、円柱形の多肉質。茎は針金のように細くてかたく、岩の隙間を這って広がる。山地帯〜高山帯の岩場や礫地に生える。

黄色の5弁花

ちょっとおしゃれな
シコタンソウ
色丹草

【花期】7〜8月
【草丈】3〜12cm
【分類】ゆきのした科

花弁に紅色と黄色の斑点があるのが特徴。花は直径約1cm、つぼみは下向きで、開花すると上を向く。葉は厚く長さ5〜15mmのへら状披針形で、先はとがる。亜高山帯〜高山帯の礫地や岩の隙間などに生える。

花弁に紅色と黄色の斑点がある

カラシ菜に似た葉
ヤマガラシ
山芥子

【花期】5〜8月
【草丈】20〜50cm
【分類】あぶらな科

同じアブラナ科のカラシナ（芥子菜）に似た葉が特徴。葉は羽状に裂け、長さ6〜12cm。先端の小葉が広卵形で大きく、側裂片は小さい。花は茎の先に10〜20個集まる。山地帯〜高山帯の渓流のほとりなどに生える。

先端の小葉が大きく側裂片は小さい

側裂片

小金鈴花とも呼ばれる
ハクサンオミナエシ
白山女郎花

【花期】7～8月
【草丈】20～60cm
【分類】おみなえし科

掌状に切れ込んだもみじの形をした茎葉が特徴で、花時に根生葉はない。花は黄色で直径6～7mm。花冠は筒状で5裂し、基部が中空にふくれ、スミレのような距になる。山地帯～亜高山帯の岩場や礫地に生える。

花冠は筒状で5裂する

小さなヒマワリ
ウサギギク
兎菊

【花期】7～8月
【草丈】15～30cm
【分類】きく科

小さなヒマワリのような花を花茎の先に1個つける。花は直径4～5.5cm、筒状花の周りを一列に舌状花が並ぶ。茎の下に兎の耳を思わせるさじ形の葉がふつう対生する。高山の草地や雪田周辺に生える。

ウサギの耳を思わせる葉

背丈に差がある
ミヤマアキノキリンソウ
深山秋の麒麟草

- 【花期】8〜9月
- 【草丈】15〜30㎝
- 【分類】きく科

低山帯に咲くアキノキリンソウの高山型で、花は直径1.2〜1.5㎝とやや大きめ。頭花は筒状花の周囲に舌状花が並ぶ。茎葉は長楕円形〜披針形で鋭くとがる。亜高山帯〜高山帯の草地や礫地に生える。

直径1.2〜1.5㎝

夏に終わりを告げる
トウヤクリンドウ
当薬竜胆

- 【花期】8〜9/上旬
- 【草丈】10〜20㎝
- 【分類】りんどう科

花冠は長さ3.5〜4㎝の淡い黄色で淡緑色の小さな斑点がある。花冠の先端は5裂するが平開しない。根生葉は細長い披針形で、長さ5〜15㎝。高山を最後に飾る花のひとつで、高山帯の礫地や乾いた草地に生える。

淡緑色の斑点

コラム

［植物の旅］

　遠くへ行きたいと考えるのは動物だけではないようで、植物もいろいろな手段で旅立って行きます。

　たとえば、お花畑に彩りを添えている五弁の花ハクサンフウロは、果実が熟すと果皮が裂けて巻き上がり、種を少しでも遠くへ飛ばそうとします。

　ブルーベリーの仲間のクロマメノキは、甘酸っぱい実を動物にご馳走して、種を運ばせます。

　花が似ているチングルマとチョウノスケソウは、花が咲き終わると花柱が延びて羽毛状になり、種をつけて新天地へ旅立って行きます。自分で着地点を決められないけれど、精一杯遠くへ旅立とうとしているように映ります。

　もともと高山植物の多くは、はるか遠く北極周辺などから旅をしてきたものと考えられています。あるものは種を飛ばし、またあるものは風に乗って、一歩一歩やってきたにちがいありません。そう考えると、登山道の脇に咲いている一輪の花が、いっそう健気に見えてきます。

紫 色系の花

紫は格調高い感じがする色です。淡い色は上品でおとなしく、濃くなると典雅なイメージが残るものです。それゆえ高山植物にもふさわしい色だと言えます。

花被片の模様で見分ける

内花被片が小さい

外花被片に白い筋がある

葉が扇状に広がる
ヒオウギアヤメ
檜扇菖蒲

【花期】 7〜8月
【草丈】 30〜90cm
【分類】 あやめ科

花は直径約8cm。外花被片の縞模様はアヤメに似ているが、内花被片は小さくて目立たない。葉は剣状で長さ30〜90cm、並びかたが檜扇に似ているのでこの名がある。亜高山帯〜高山帯の湿原や湿地に生える。

みずみずしい
カキツバタ
杜若・燕子花

【花期】 5〜6月
【草丈】 40〜70cm
【分類】 あやめ科

花は直径約12cm。外花被片の中央から柄にかけて白い筋が入るのが特徴。和名は「書き付け花」の意味で、花の汁を布にこすりつけて染める昔の行事に由来する。葉は剣状で長さ30〜70cm。水湿地に生える。

葉の形で見分ける

しとやかな
ミヤマハナシノブ
深山花忍

羽状複葉

【花期】 6〜7月　**【草丈】** 30〜80cm　**【分類】** はなしのぶ科

葉は羽状の複葉で小葉は長さ約3cmの狭い卵形。先はとがり、基部は丸いか広いくさび形。花冠は直径約2cmの広い漏斗形で5裂する。花柄とガクの基部に短い毛がある。亜高山帯の草地や林内に生える。

がっしりした
タカネグンナイフウロ
高嶺郡内風露

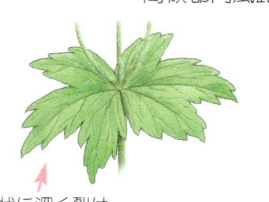

掌状に深く裂け
鋸歯がある

【花期】 6〜7月　**【草丈】** 30〜50cm　**【分類】** ふうろそう科

茎葉は掌状に深く裂け、裂片に大きな鋸歯がある。花は濃い紅紫色で直径2.5〜3cm、平開し長い花柱（雌しべの柄）が突き出る。花弁は倒卵形で基部の近くに白い軟毛がある。亜高山帯の草地に生える。

花柱の長さで見分ける

ガク片に鋸歯がある
花柱が花弁と同じ長さ

ガク片に鋸歯がない
花柱が花冠から少し突き出る

雌しべが短い
ヒメシャジン
姫沙参

【花期】7〜9月
【草丈】20〜40cm
【分類】ききょう科

茎の頂に1〜数個花がうつむきにつく。花冠は青紫色の鐘形で長さ1.5〜2.5cm、花柱（雌しべの柄）が花冠とほぼ同じ長さでガク片に鋸歯がある。葉は狭い楕円形で長さ3〜7cm。亜高山帯〜高山帯の岩礫地に生える。

雌しべが花冠より長い
ミヤマシャジン
深山沙参

【花期】7〜9月
【草丈】10〜40cm
【分類】ききょう科

ヒメシャジンの変種で、花冠から花柱（雌しべの柄）が少し突き出てガク片に鋸歯がないことが特徴。葉はふつう互生し、狭い楕円形でヒメシャジンと区別できない。亜高山帯〜高山帯の岩礫地や岩場に生える。

葉の形で見分ける

ツリガネニンジンの高山型
ハクサンシャジン
白山沙蔘

【花期】 7〜8月
【草丈】 15〜60cm
【分類】 ききょう科

花は2〜3段に数個の花が輪生する。花冠は長さ約1.5cmの鐘形で、花柱（雌しべの柄）は花冠から突き出る。葉は長さ3〜7cmの長い楕円状の披針形で、3〜5枚が輪生する。

2〜3段に輪生する
3〜5枚が輪生する
垂れ下がって生え葉は細長い
花冠は半球形で花柱は突き出る

（ハクサンシャジン）　（ホウオウシャジン）　（ユウバリシャジン）

垂れて生える
ホウオウシャジン
鳳凰沙蔘

【花期】 8〜9月
【草丈】 10〜30cm
【分類】 ききょう科

岩壁に垂れ下がって生え、葉は細長いことが特徴。花冠は長さ1.5〜1.8cmの鐘形で先は5裂し、花柱（雌しべの柄）は突き出ない。鳳凰三山に特産する。

半球形の花冠
ユウバリシャジン
夕張沙蔘

【花期】 7〜8月
【草丈】 20〜30cm
【分類】 ききょう科

茎の先や上部の葉の脇に、淡い紫色の花を1個ずつ付ける。花冠は長さ約1cmの半球形で、花柱（雌しべの柄）が花冠から突き出る。夕張岳の高山帯の特産。

115

ガク片の形で見分ける

ガク片にふぞろい の鋸歯がある

毛がない

鋸歯がない

長い毛がある

ガク片に鋸歯がある
イワギョウ
岩桔梗

【花期】	7/下旬～8月
【草丈】	5～15cm
【分類】	ききょう科

花は鐘形で青紫色。花冠は長さ2～2.5cm、青紫色の鐘形で5裂し、裂片は無毛。ガク片は線形でふちに、ふぞろいの鋸歯がある。葉はへら形で薄く、長さ1.5～5cm。ふちに浅い鋸歯がある。高山帯の礫地や岩壁に生える。

ガク片に鋸歯がない
チシマギキョウ
千島桔梗

【花期】	7～8月
【草丈】	5～15cm
【分類】	ききょう科

花冠は長さ約3cm、紫色の鐘形で5裂し、裂片のふちに長い毛がある。ガク片は鋭角の三角状で鋸歯はない。葉は長さ2～7cmのへら形で、ふちに波状の細かい鋸歯がある。高山帯の岩の隙間や礫地に生える。

花と葉の形で見分ける

花の裂片がとがる
ミヤマアケボノソウ
深山曙草

花は暗紫色で
裂片は披針形

【花期】8〜9月　【草丈】10〜30cm　【分類】りんどう科

花は直径約2cmで5つに深く裂け、裂片は披針形で先が尾状になり濃色の7つの脈がある。根生葉は楕円形〜広卵形で基部は長い柄になり、全長3〜8cm。高山帯の湿った草地や岩石地に生える。

ガク片が細くて短い
ハッポウタカネセンブリ
八方高嶺千振

ガク片が小さい

【花期】7〜8月　【草丈】5〜30cm　【分類】りんどう科

花は淡い紫色で、濃い紫色の斑点があり、茎の先や枝に1〜数個つく。花冠の裂片は長さ3〜4mm、ガク片より長いことが特徴。葉は三角状卵形〜披針形で先がややとがる。高山帯の蛇紋岩地に生える。

117

花の大きさや葉の形で見分ける

オオイヌノフグリの仲間
ミヤマクワガタ
深山鍬形

花冠は直径10～12mm
濃色の条が入る

卵状長楕円形で
重鋸歯がある

【花期】7～8月　【草丈】10～25cm　【分類】ごまのはぐさ科

花冠は直径10～12mm、青紫色～紅紫色で濃色の条があり、茎の先に10～20個つく。葉は根ぎわに集まり、葉身は卵状の長楕円形でふちに重鋸歯がある。山地帯～高山帯の礫地に生える。

まばらに咲く
ヒメクワガタ
姫鍬形

浅い鋸歯

花冠は直径
5～7mm

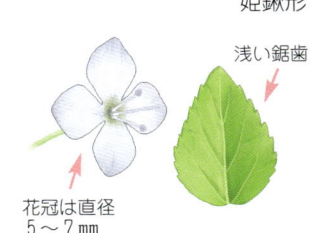

【花期】7～8月　【草丈】7～14cm　【分類】ごまのはぐさ科

花冠は直径5～7mm、薄紫色で、茎の先にまばらに数個つく。葉は楕円形～卵形で長さ1～2cm、ふちに浅い鋸歯がある。高山帯の乾いた草地や礫地に生える。

花の形と付き方で見分ける

花冠に副片がある
ミヤマリンドウ
深山竜胆

花が茎の先に1〜5個つく

【花期】7〜8月
【草丈】5〜10cm
【分類】りんどう科

花は1〜5個が茎の上部につく。花冠は青紫色で長さ15〜22mmの筒状鐘形で5裂する。裂片と裂片の間に狭い三角状の副片がある。茎葉は広披針形〜狭い卵状長楕円形で長さ5〜12mm。高山帯の湿った草地に生える。

ハルリンドウの高山型
タテヤマリンドウ
立山竜胆

花が茎や枝先に1個ずつつく

【花期】6〜7月
【草丈】5〜15cm
【分類】りんどう科

花は茎や枝先に1個ずつつく。花冠は淡い青紫色〜紫色を帯びた白色で5裂し、長さ1〜2cm。根生葉は広卵形で長さ約7mm、茎葉は披針形で少し小さい。亜高山帯〜高山帯の湿った草地に生える。

花の形と付き方で見分ける

花は茎頂に集まり、花冠は平開しない

花は茎頂と葉の脇につく

花が茎の頂に集まる
オヤマリンドウ
御山竜胆

【花期】 8〜9月
【草丈】 20〜50cm
【分類】 りんどう科

花は茎の頂に数個つく。花冠は青紫色〜青紅色で浅く5裂し、長さ1.8〜3cm、天候がよくても半開きくらいで、平開しない。葉は広披針形〜広卵形で長さ3〜6cm。亜高山帯の草地や林縁に生える。

上部の葉の脇にも花がつく
エゾリンドウ
蝦夷竜胆

【花期】 9〜10月
【草丈】 30〜80cm
【分類】 りんどう科

花屋で売られているリンドウは本種の栽培品で、花は茎の頂だけでなく上部の葉の脇ごとにつくのが特徴。花冠は青紫色で長さ3〜5cm。葉は披針形で長さ6〜10cm。低山帯〜亜高山帯の草地や湿地に生える。

長い花柄の
ムラサキシロウマリンドウ
紫白馬竜胆

【花期】 8/下旬〜9月
【草丈】 10〜30cm
【分類】 りんどう科

シロウマリンドウ（P85参照）型。花柄が長くて、花冠の裂片全体が濃い紫色であることが特徴。葉は茎の半ばにあるものは卵状長楕円形で長さ2〜7cm、下部の葉はへら形。

花柄が長い
花は茎頂に集まり、花冠は平開する
線状披針形

（ムラサキシロウマリンドウ）　（エゾオヤマリンドウ）　（ホロムイリンドウ）

エゾリンドウの高山型
エゾオヤマリンドウ
蝦夷御山竜胆

【花期】 8〜9月
【草丈】 20〜30cm
【分類】 りんどう科

エゾリンドウの高山型。違っているのは花のつき方で、本種は花のほとんどが茎の頂につき、花冠がやや短く(長さ3〜4.5cm)、花冠の裂片が平開する。

葉がとても細い
ホロムイリンドウ
幌向竜胆

【花期】 8〜9月
【草丈】 30〜80cm
【分類】 りんどう科

葉が線状披針形で幅が8mm以下であることが特徴。貧栄養の泥炭地に咲く花で、花数が少ない。北海道や尾瀬ヶ原などの、亜高山帯の湿原に生える。

葉の形で見分ける

3つに裂け、裂片はさらに切れ込む

3つに深く裂け、裂片はさらに深く裂ける

中部山岳の日本海側に生える
ミヤマトリカブト
深山鳥兜

【花期】8月
【草丈】30〜100cm
【分類】きんぽうげ科

茎葉は3中裂し、裂片はさらにふぞろいに切れ込み、先は鋭くとがる。花は紫色で長さ20〜40mm。和名は、花の形が雅楽奏者がかぶる兜に似ていることに由来する。本州中部の日本海側の高山に生える。

中部山岳の太平洋側に生える
キタザワブシ
北沢付子

【花期】8月
【草丈】15〜30cm
【分類】きんぽうげ科

葉は3中裂し、茎葉の切れ込みがミヤマトリカブトより深く、側ガク片に直毛がある。花は紫色で長さ約3cm。本州中部の南アルプス、中央アルプス、御岳山など、太平洋側の高山に生える。付子はトリカブトの根で生薬。

3〜5つに裂け、ふぞろい
の鋸歯がある

背が高く茎が曲がる
ヤマトリカブト
山鳥兜

【花期】 8〜10月
【草丈】 80〜180cm
【分類】 きんぽうげ科

葉は3〜5つに深く裂け、裂片は披針形〜卵状披針形でふぞろいの鋸歯がある。花は紫色で長さ3.5〜4.5cm。背が高く、茎は曲がる。中部地方〜東北地方に分布し、山地帯〜亜高山帯の林縁または林の中に生える。

【トリカブトの見分け方】

トリカブトの仲間は変異が多く、少しの違いで細かく分けられている。例えば雌しべの屈毛の有無、和名の由来となった兜の部分（頂萼片）の先端がとがっているとか丸いとか‥‥。専門家でも同定はむずかしいと聞く。図鑑を開くと20〜30種が細かく説明されているが、ほとんどはある特定の山や、地域に産するものが多い。そのなかで、中部山岳の日本海側に分布するミヤマトリカブト、太平洋側に広く分布するキタザワブシは同定しやすい。中部山岳の亜高山帯の林縁や林の中に生える、背丈より高く、曲がって生えるヤマトリカブトも比較的見分けやすい。

葉の形で見分ける

葉が輪生する
クガイソウ
九蓋草・九階草

先が浅く4裂する
4〜8枚が輪生

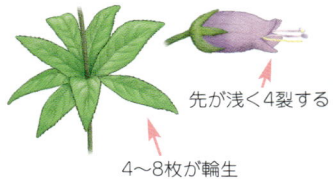

【花期】7〜9月　【草丈】80〜130cm　【分類】ごまのはぐさ科

葉は4〜8枚が輪生し、長楕円状披針形でふちに鋸歯があり、長さ5〜18cm。長い花序をつくり小花を多数つける。花冠は淡紫色で長さ5〜6mm、先が浅く4裂する。山地帯〜亜高山帯の草地に生える。

2枚の葉が向き合う
ヤマルリトラノオ
山瑠璃虎の尾

2枚が向き合ってつく

【花期】8〜9月　【草丈】約100cm　【分類】ごまのはぐさ科

葉は2枚が向き合ってつき、葉の裏面の脈上にだけ毛があることが特徴。形は長い卵形で長さ5〜9cm、鋸歯は大きくて少ない。茎の先に長い花序をつくり、長さ約5mmの淡紫色の花を多数つける。

見るからにがっしりとした
ウルップソウ
得撫草

【花期】	6/下旬～7月
【草丈】	15～25cm
【分類】	うるっぷそう科

茎の先に穂状の花序をつくり、小さな花を密につける。花冠は青紫色で長さ11～12mm、上唇は長楕円形で下唇の裂片は披針形。葉は肉質で長楕円状披針形～狭卵形、長さ7～13cm。高山帯の湿った砂礫地に生える。

下唇は2～3裂する

忘れな草によく似た
ミヤマムラサキ
深山紫

【花期】	7～8月
【草丈】	6～20cm
【分類】	むらさき科

ワスレナグサによく似た花で、花冠は直径約8mm、淡青紫色で5裂し、のどに黄色い鱗片がある。根生葉はロゼット状につき、線状披針形で長さ1～6cm。葉や茎に白い剛毛がある。亜高山帯～高山帯の岩場や礫地に生える。

花冠は5裂する

葉や茎に白い毛

豆の花
オヤマノエンドウ
御山の豌豆

【花期】7〜8月
【草丈】5〜10cm
【分類】まめ科

花はひと目でマメ科と分かる形で、長さ17〜20mm。旗弁が他弁より大きく、基部に白い斑紋がある。葉は羽状の複葉で、小葉は狭卵形、長さ5〜10mm。高山帯の草地や礫地に生える。

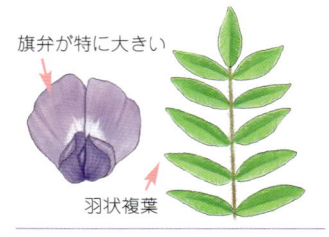

旗弁が特に大きい
羽状複葉

スミレの仲間ではない
ムシトリスミレ
虫取菫

【花期】7〜8月
【草丈】5〜15cm
【分類】たぬきも科

スミレに似た、タヌキモ科の食虫植物。花は青紫色で、基部に距がある。葉は長楕円形で長さ3〜5cm、ふちは内側に少しまくれ上がり、粘液を分泌して虫を捕まえる。亜高山帯〜高山帯の湿った岩場に生える。

距
粘液を分泌して虫を捕まえる

花弁は淡い紫色
アイヌタチツボスミレ
アイヌ立壺菫

【花期】 5〜6月
【草丈】 5〜15cm
【分類】 すみれ科

花は茎葉の葉の脇から花柄をのばし2〜3個つける。花弁は淡紫色で長さ10〜15mm、距は4〜6mm。葉は円心形で長さ2〜4cm、低い鋸歯がある。北海道、東北地方北部、白馬岳の山地帯〜高山帯に生える。

唇弁は幅が広く、濃紫色の筋がある

花穂を靫に見たてた
タテヤマウツボグサ
立山靫草

【花期】 6〜8月
【草丈】 25〜40cm
【分類】 しそ科

花冠は長さ2.5〜3.2cmの唇形で、上唇は兜状、下唇は3裂して中央の裂片はさらに浅く裂ける。葉は狭卵形で先はとがり、長さ3〜8cm。和名は、花穂を矢を入れる靫に見立てたもの。亜高山帯〜高山帯の草地に生える。

上唇は兜状

下唇は3裂し、中央裂片はさらに浅く裂ける

青紫色が目をひく
エゾアジサイ
蝦夷紫陽花

【花期】	6〜8月
【高さ】	1〜1.5m
【分類】	ゆきのした科

枝先に花序をつくり、中央に黄緑色の両性花多数とその周囲に長い柄のある装飾花をつける。装飾花は花弁状のガク片3〜5個で青紫色。葉は広楕円形で先がとがり、長さ10〜17cm。日本海側の山地帯に生える。

装飾花は花弁状の
ガク片3〜5個

花冠は唇形
ミソガワソウ
味噌川草

【花期】	7〜8月
【草丈】	50〜100cm
【分類】	しそ科

花は青紫色で、茎の上部の葉の脇に数個ずつつく。花冠は長さ25〜30mmの唇形で、下唇は3つに裂ける。葉は広卵形〜広披針形で長さ6〜14cm、鈍い鋸歯がある。山地帯〜亜高山帯の渓流沿いや湿った草地に生える。

下唇は3裂し
中央片に紫点がある

5枚のガク片と5枚の花弁
ミヤマオダマキ
深山苧環

【花期】7〜8月
【草丈】10〜25cm
【分類】きんぽうげ科

花は直径3〜4cm、外側の5枚は青紫色のガク片。花弁は内側の5枚で先の方は白色、基部は長く伸びて距になり、内側に曲がる。根生葉は柄のある複葉で、小葉は扇形。高山帯の礫地や草地に生える。

ガク片

花弁

マツムシソウの高山型
タカネマツムシソウ
高嶺松虫草

【花期】8月
【草丈】20〜30cm
【分類】まつむしそう科

茎の先や葉の脇から出た長い柄に直径3〜4cmの頭花を1個ずつつける。頭花のふちの舌状花は4〜5裂し、青紫色。根生葉は長い柄があり、葉身は羽状に深く裂ける。亜高山帯〜高山帯の草地や礫地に生える。

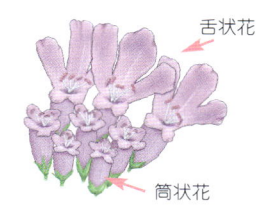

舌状花

筒状花

[和名の由来]

　花の形が鳥に似ていることから名づけられたキソチドリ（木曽千鳥）・タカネサギソウ（高嶺鷺草）、葉の形や味から名づけられたジンヨウスイバ（腎葉酸葉）など、ふだんカタカナで書かれている植物も、和名の由来を知ると、さらに親しみを覚えます。
　名前は、その植物の体を現しているものがたくさんあります。全体から受ける印象でヒメ（姫）やコ（小）がついたもの、また花の色や形、葉や茎の状態などを表すこともあり、いずれもその植物の特徴をよくとらえています。
　本書は、和名を漢字でも記しています。先にあげた木曽千鳥は、〝木曽で発見された千鳥を思わせる花〟。高嶺鷺草は〝高い嶺に生える鷺に似た花〟。腎葉酸葉は、〝腎形で酸っぱい葉〟。漢字の意味から和名の由来を想像するのも、楽しいものです。

緑 色系の花

やすらぎを覚えるのは緑色でしょう。淡い色の花は若々しく、濃くなるとおだやかで落ち着いたように感じられます。

花の形と付き方で見分ける

草色の千鳥
シロウマチドリ
白馬千鳥

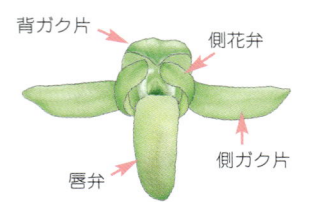

背ガク片／側花弁／側ガク片／唇弁

【花期】7〜8月　【草丈】25〜50cm　【分類】らん科

花は黄緑色で穂状に多数つける。花のつくりは複雑に見えるが、外側にガク片3個、内側に花弁3個が交互に並んでつく。下にある花弁は唇弁と呼び、本種は舌状で長さ5〜7mm。高山帯の草地に生える。

下の葉が特に大きい
タカネサギソウ
高嶺鷺草

側花弁が背ガク片と合わさった兜形

【花期】7〜8月　【草丈】10〜15cm　【分類】らん科

花は黄緑色で直径約1cm、上のガク片と側花弁2枚が合わさって兜状になる。葉は1〜4個つき、いちばん下の葉が特に大きく長さ3〜4.5cm。亜高山帯〜高山帯の湿気のある草地に生える。

側花弁が万歳した
キソチドリ
木曽千鳥

側花弁が
万歳の形

【花期】7～8月　【草丈】15～30cm　【分類】らん科
花は黄緑色で5～15個、上部の側花弁が長く伸びて万歳の形であることが特徴。唇弁は広線形で6～8mm。葉は楕円形で茎の下方に1個つき、上方に小さな鱗片葉がつく。亜高山帯の林内に生える。

葉のふちがちぢれた
クモキリソウ
雲切草

唇弁が
大きい

【花期】6～8月　【草丈】10～20cm　【分類】らん科
花は緑色で5～15個、側花弁は狭い線形で、昆虫の足を思わせる。唇弁は大きく、長さ5～6mmで下に反り返る。葉は2個、楕円形～長楕円形で長さ5～15cm、ふちがちぢれる。山地帯の林下に生える。

葉の形で見分ける

葉が扇子を思わせる
ハゴロモグサ
羽衣草

浅く7〜9裂する

【花期】7〜8月　【草丈】15〜40cm　【分類】ばら科

根生葉は直径3〜7cmの円形で浅く7〜9裂して基部は心形、ふちに鋭い鋸歯がある。花は小さく直径3mm、花弁はなくガク片と副ガク片がある。亜高山帯〜高山帯の草地や砂礫地に生える。

葉が掌状の
アラシグサ
嵐草

掌状に7〜9裂する

【花期】7〜8月　【草丈】20〜40cm　【分類】ゆきのした科

葉は円形で掌状に7〜9裂し、裂片はさらに浅く3〜5裂して先にとがる。花は小さく黄緑色で、ガク片よりわずかに短い花弁が5個ある。亜高山帯〜高山帯の草地や林縁に生える。

草むらに隠れる
タカネアオヤギソウ
高嶺青柳草

【花期】7～8月
【草丈】約30cm
【分類】ゆり科

花は黄緑色で直径8～10mm、花被片は長い楕円状の倒披針形で長さ約5mm。茎の基部にシュロの毛に似た古い葉鞘が残る。葉は茎の下に集まり、長い披針形、基部は鞘になって茎を包む。亜高山帯～高山帯の草地に生える。

直径8～10mm

緑色の梅の花
バイケイソウ
梅蕙草

【花期】7～8月
【草丈】60～150cm
【分類】ゆり科

花は淡い緑色で直径1.5～2cm、花被片は倒卵形～広楕円形でふちに毛状の鋸歯がある。中ほどより上の茎葉は長楕円形で長さ20～30cm、基部は鞘になって茎をかこむ。山地帯～亜高山帯の林下や湿った草地に生える。

緑色の花被片6個

葉が腎円形
ジンヨウスイバ
腎葉酸葉

【花期】 7〜8月
【草丈】 15〜30cm
【分類】 たで科

花は緑色で節に4〜8個が細い柄の先にぶら下がって咲く。花被片は4個、内側の2個が少し大きく、長さ約2mm。葉の形が腎円形で茎や葉に酸味があることからの和名。高山帯の湿った岩礫地に生える。

雄花　　雌花

花柄がねじ曲がった
オオバタケシマラン
大葉竹縞蘭

【花期】 6〜8月
【草丈】 50〜100cm
【分類】 ゆり科

花は淡い緑色で葉の脇からねじれた花柄に垂れて1個つく。花被片は6個で反り返る。葉は広い笹の葉を思わせる形で、長さ3〜11cm、基部は心形で茎を抱き、裏面は粉白色。亜高山帯の林内に生える。

花被片は6個で反り返る

葉が車状
クルマバツクバネソウ
車葉衝羽根草

【花期】6〜7月
【草丈】20〜60cm
【分類】ゆり科

茎の先に6〜8個の葉が輪生する。葉は長さ5〜15cmの倒披針形で先がとがる。花は直径4〜6cm、外花被片は緑色の披針形で4個、内花被片は黄緑色の糸状で4個。山地帯〜高山帯の林内に生える。

林の中で咲く
ミドリユキザサ
緑雪笹

【花期】6〜7月
【草丈】30〜60cm
【分類】ゆり科

雄花と雌花が別の株につく雌雄異株。雄花は緑色で直径5〜7mm、雌花は紫褐色。葉は互生し、楕円状披針形で長さ約10cm。よく似たヒロハユキザサは茎に隆起した2つの稜があるが、本種にはない。深山の林内に生える。

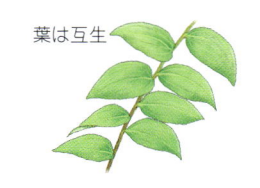

コラム

[高山蝶]

　花をたずね歩いているときに、すうっと目の前を通りすぎていく高山蝶。里の蝶に比べれば地味な色の蝶が多いのですが、はっとさせられます。
　今も目に焼付いているのは、白馬のお花畑で出会ったタカネコウリンカに止まったミヤマモンキチョウです。黄色い羽に白の紋は、里のモンキチョウとそれほど変らないのですが、羽が赤丹でふちどられていました。
　よく見かけるのは焦げ茶色のベニヒカゲで、花を撮影していた私の膝に止まったこともあります。
　タカネヒカゲは近くから撮影できました。ココア色に柿色と亜麻色の斑は、止まっていた石と見分けがつかないほどの保護色でした。ちなみに、日本の高山蝶は14種だけで、氷河期に、高山植物とともに日本にやってきたと考えられ、日本固有の種はありません。

茶 色系の花

茶色は渋くて古風な印象です。淡い色の花はおだやかで、濃くなると野性的な感じに変わります。見る人によって感じ方が違うのもおもしろいですね。

花の形で見分ける

小さなら弁花
クロクモソウ
黒雲草

花弁は紫褐色で5個

【花期】7〜8月　【草丈】10〜40cm　【分類】ゆきのした科

葉は2〜8cm、腎円形で基部は心形、ふちにふぞろいの山形がある。花は直径6〜8mm、花茎の上部に円錐状につく。花弁は紫褐色で5個あり長さ約3mm。亜高山帯〜高山帯の渓流の礫地に生える。

花被片が内側に曲がる
タカネシュロソウ
高嶺棕櫚草

紫褐色の花被片6個

【花期】7〜8月　【草丈】20〜40cm　【分類】ゆり科

葉は線状披針形で先はとがり、長さ6〜15cm。茎の基部にシュロの毛に似た古い葉鞘の繊維が残る。花は紫褐色、花被片は長さ5〜6mm、楕円形で内側に曲がる。亜高山帯〜高山帯の草地に生える。

伝説の花
ミヤマクロユリ
深山黒百合

【花期】7〜8月
【草丈】10〜30cm
【分類】ゆり科

花は暗紫褐色で細かい黄色の斑点がある。花被片は6個。葉は3〜5枚が輪生し茎の上半部に数段つく。葉身は披針形〜長楕円状披針形で長さ3〜10cm。亜高山帯〜高山帯の草地に生える。

暗紫褐色で黄色の斑点がある

ルーペで見ると面白い
タカネスイバ
高嶺酸葉

【花期】7〜8月
【草丈】30〜100cm
【分類】たで科

雄花と雌花が別の株につく雌雄異株。花被片は長さ約1mmで、雄花は葯が目立ち、雌花は花被片の間から赤い柱頭がのぞく。葉はほこ形で先はとがり、長さ6〜15cm。亜高山帯〜高山帯のやや湿った草地に生える。

雄花　雌花

大きな三枚の葉が輪生した
エンレイソウ
延齢草

【花期】5〜7月
【草丈】20〜40cm
【分類】ゆり科

長さ、幅とも6〜17cmの大きな葉が3枚輪生する。花は茎頂に1個つき、内花被片はなく、褐色〜緑色の外花被片3個。外花被片は卵状の長楕円形で長さ12〜20mm。山地帯〜亜高山帯の湿り気のある林床に生える。

花は外花被片3個

ブラシを思わせる
ハクセンナズナ
白鮮薺

【花期】5〜7月
【草丈】30〜100cm
【分類】あぶらな科

白色で線形の花弁は目立たず、ガク片と花より長く突き出た雄しべが紫色を帯びた薄茶色なので、花全体が茶色っぽく見える。根生葉は長卵形で長さ5〜12cm。高山帯の湿った草地や砂礫地に生える。

雄しべが長く突き出る

花茎がねばっこい
ネバリノギラン
粘り芒蘭

【花期】6～8月
【草丈】25～50cm
【分類】ゆり科

花茎の上部や花序、花の外側は粘る。花は黄褐色の壺形で長さ6～8mm、花被片は6個。根生葉は広線形～線状披針形で7～11の脈があり、長さ4～25cm。山地帯～高山帯の湿った砂まじりの草地に生える。

黄褐色の壺形

雄しべが長い
ハクサンオオバコ
白山大葉子

【花期】7～8月
【草丈】7～18cm
【分類】おおばこ科

根茎に5～10枚の大きな葉（長卵形で長さ3.5～10cm）が束になって生える。花は10～20個がまばらにつく。花冠は赤褐色で長さ2～2.5cm、雄しべは花冠より長く、葯は赤紫色。亜高山帯～高山帯の湿った草地に生える。

雄しべが長く葯は赤紫色

コラム

[ゆっくり登る]

　山の楽しみ方は、人それぞれでしょうが、私はゆっくり、のんびり歩きながら、そこに咲く花をめで、撮影しています。ときに急がなければならないことがあると、そこだけがぽっかり空白になり、記憶がなくなります。ただ歩いたというだけで、何も見てはいなかったのです。

　花に限らないのですが、気持ちにゆとりがないと、心にふれるものに出会えないから不思議です。そのときに接した自然がよくなかったのではなくて、感じることができなかったのです。ですから、山を歩くときは下界のことは忘れて、ゆっくり、のんびり歩くのです。

　花の山旅でいちばん役に立つのはルーペです。たとえば花をルーペで見ると、花の中心部のつくりや色合いがとても神秘的で、今まで知らなかった世界を知ることができます。ルーペには、秘密の窓をのぞき見するような楽しさがあいます。

花 の 山 旅

ここに紹介するコースは、花の名山で知られる白馬岳と北岳。誰でもたやすく高山の花を楽しむことができる千畳敷カールと乗鞍岳。さらに高山植物が咲く高原として美ヶ原と志賀高原を選びました。

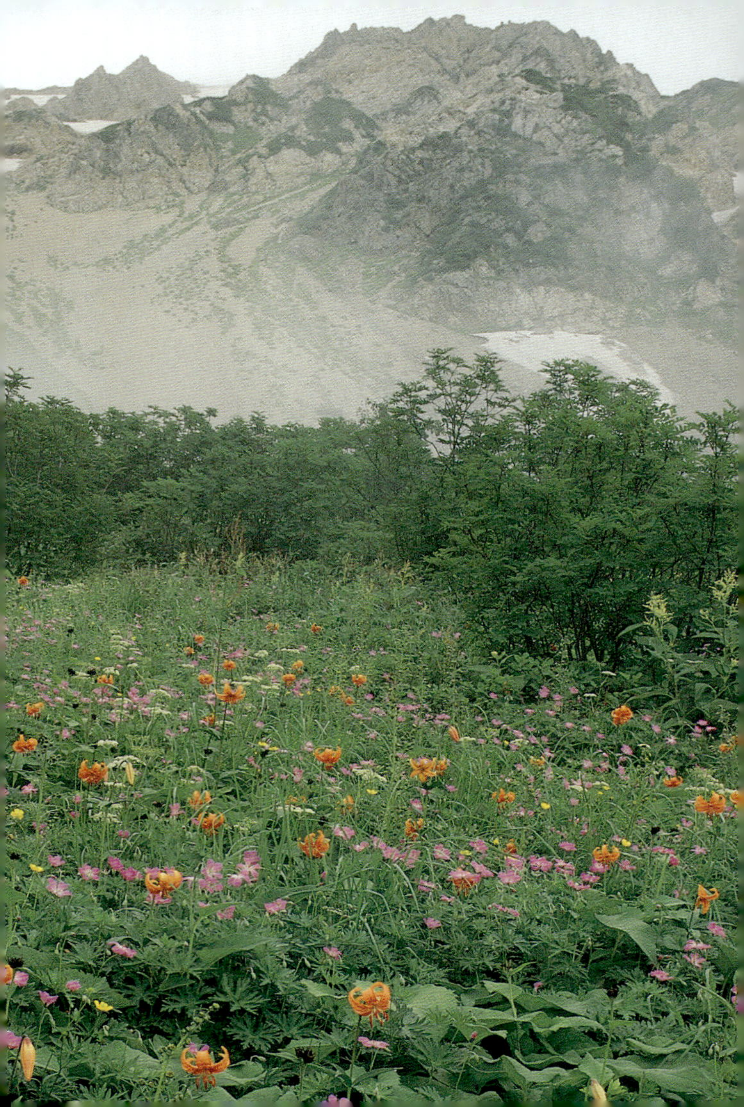

白馬連峰（北アルプス）

　色とりどりの花が混生するお花畑。白馬連峰は、花の名山として国の特別天然記念物に指定されています。特に素晴らしいのは、通称"白馬のお花畑"と呼ばれている白馬小雪渓をトラバースしてから稜線までの広いお花畑や、鑓ヶ岳の大出原です。梅雨明けには白いハクサンイチゲや黄色いミヤマキンポウゲ、シナノキンバイが群生し、それから二十日ほどたつと、橙色のクルマユリ、紅色のハクサンフウロなどに変るのです（写真）。他にもお花畑はたくさんあり、白馬大池周辺のハクサンコザクラ群生、杓子岳や三国境のコマクサ群生、雪倉避難小屋前のお花畑、朝日岳のハクサンコザクラやミヤマトリカブトの群生などがよく知られています。

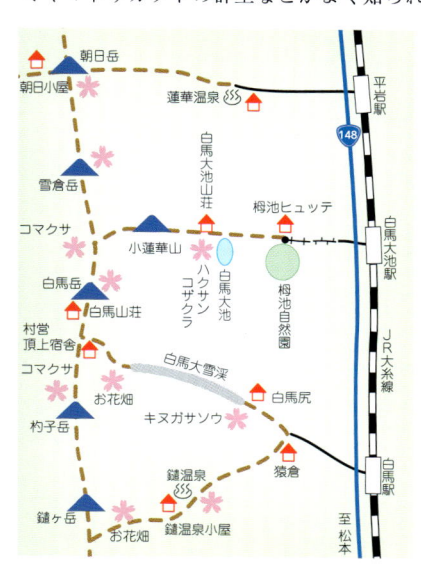

【交通】
JR松本駅から大糸線に乗り約1時間30分で白馬駅。駅前から栂池高原行きのバスに乗り40分で栂池高原。そこからゴンドラとロープウェイを乗り継いで栂池自然園まで約50分。栂池自然園から白馬大池、小蓮華山、白馬岳、白馬のお花畑、大雪渓を歩いて猿倉まで下ると徒歩約10時間30分（1～2泊コース）。猿倉から白馬駅まではバスで約30分。

【問い合わせ】
小谷村役場観光課
TEL 0261-82-2001
白馬村役場観光課
TEL 0261-72-5000

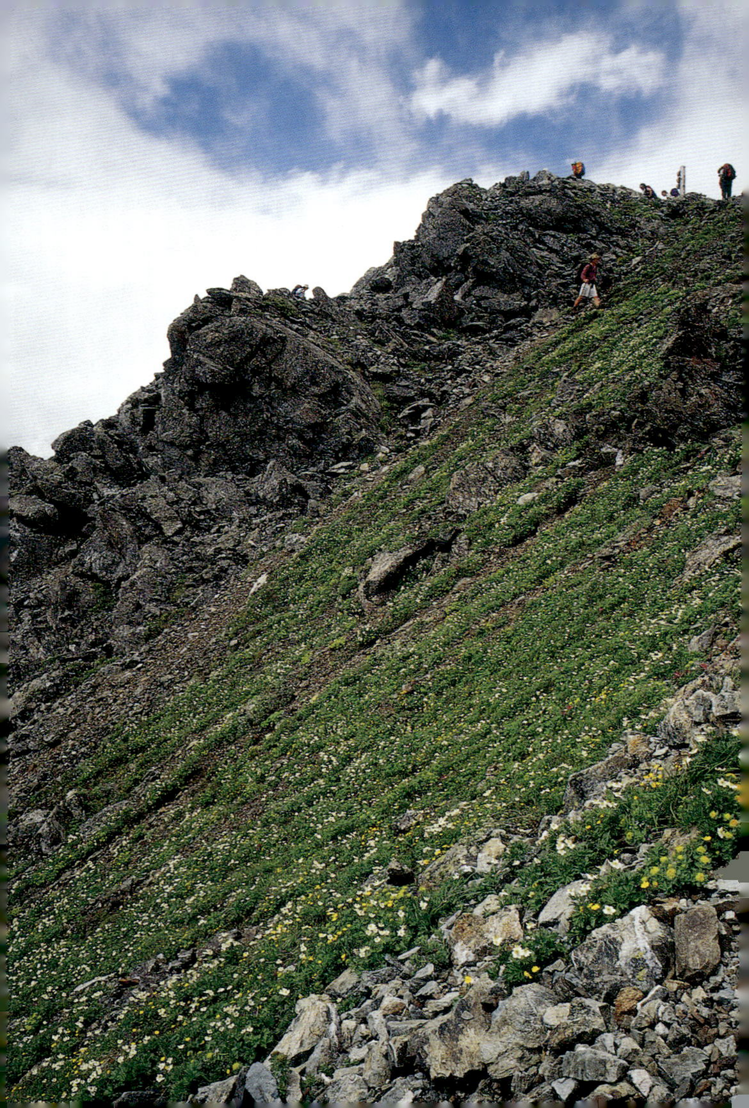

北岳（南アルプス）

　北岳では、広いお花畑や珍しい花が見られます。特に素晴らしいのは、北岳山荘から八本歯のコルへ向かう北岳南斜面につけられた登山道です。6月下旬に咲く北岳特産のキタダケソウ、珍しいキタダケキンポウゲ、タカネマンテマ、チョウノスケソウ、キンロバイ、ハハコヨモギなどが次々に顔を見せます。北岳頂上から南へ少し下った西面に広がるお花畑（写真）も見どころです。梅雨が明けるころ、斜面を白く染めるハクサンイチゲに、黄色いミヤマキンバイやイワベンケイが彩りを添えています。広河原へ下る途中の大樺沢の二俣は、ほかでは滅多に見ることのできないミヤマハナシノブが、いくらでも咲いていることに驚かされます。

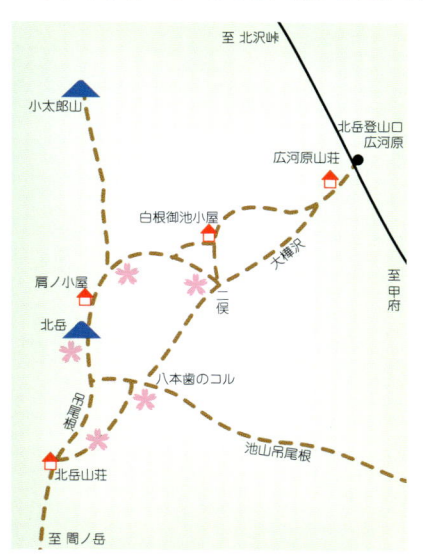

【交通】
JR甲府駅より北岳登山口の広河原まで、山梨交通バスで約2時間15分。広河原から二俣、八本歯のコル、北岳山荘までは徒歩約6時間。
北岳山荘から肩ノ小屋、白根御池小屋を通って広河原まで、約5時間30分。
【問い合わせ】
山梨交通バス敷島営業所
TEL 055-277-8911

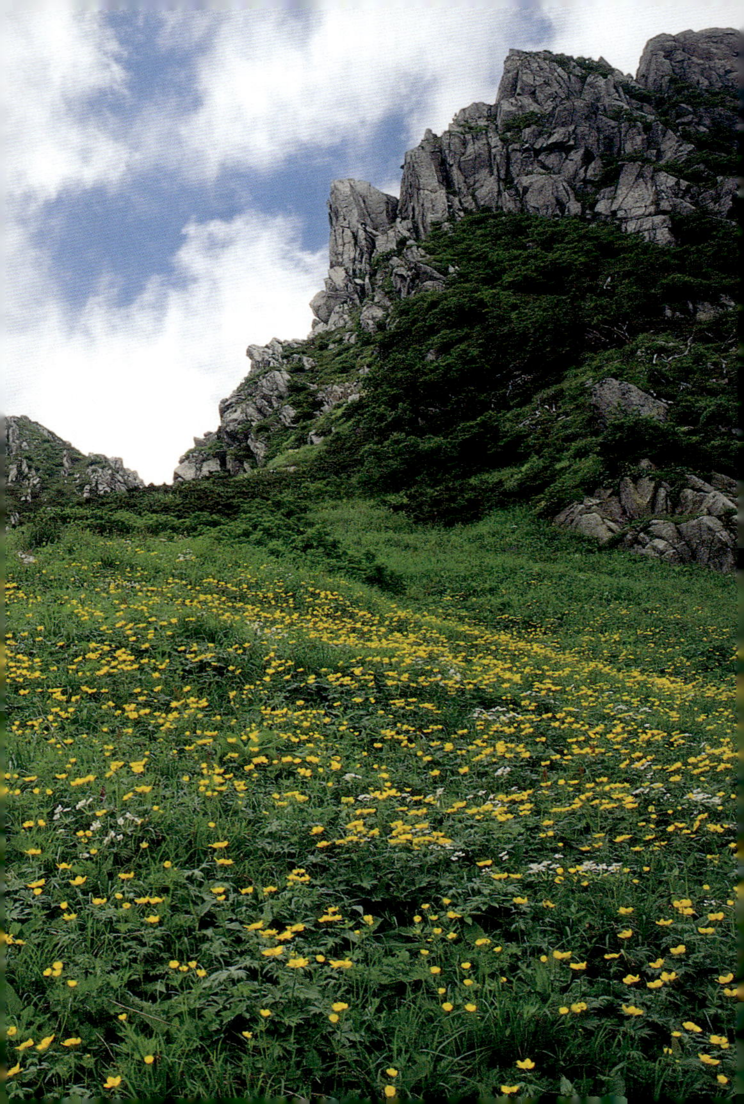

千畳敷カール（中央アルプス）

　千畳敷カールは、「三十六峰八千渓」と呼ばれる中央アルプスの北部にあります。ここはロープウェイで手軽に行け、一周約１時間の遊歩道をめぐれば、カールに咲く多くの高山植物を楽しめます。花の最盛期は７月下旬です。ロープウェイを降りるとすぐ前に、コバイケイソウが大群生し、道の脇ではチングルマやアオノツガザクラが咲いています。カールの半ばにさしかかると、稜線へ登る道があります。見上げると、ミヤマキンポウゲが一面に咲き、後ろに宝剣岳がそびえています（写真）。ミヤマキンポウゲの群生地までわずか１０分ほどで登れます。できれば寄り道することをお勧めします。さらに２０分ほど登ると、コマウスユキソウが咲いています。

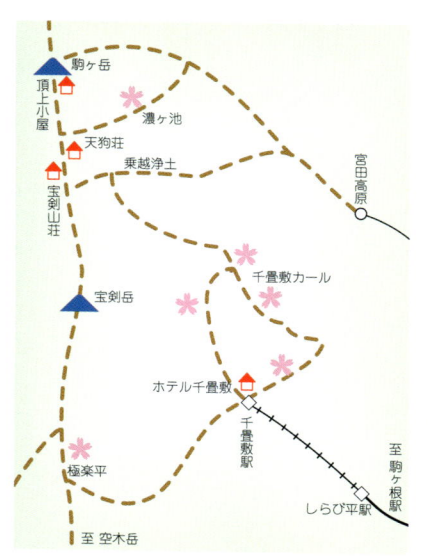

【交通】
JR飯田線駒ヶ根駅から駒ヶ岳ロープウェイ行きのバスに乗り、50分で終点のしらび平。ロープウェイに乗り8分で標高約2600mの千畳敷駅。カール一周は、花をめでながらゆっくり歩いて約１時間。７月下旬からお盆までは、ロープウェイが混雑するので、余裕ある計画を立てて下さい。

【問い合わせ】
駒ヶ根市役所観光課
TEL 0265-83-2111

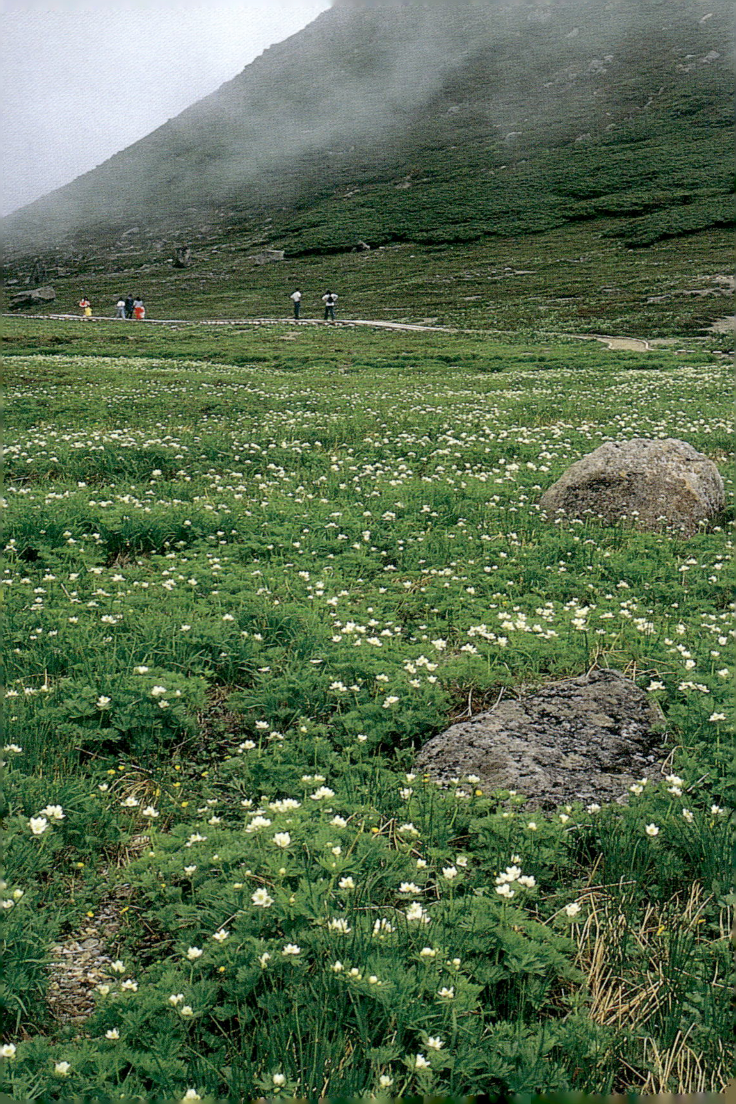

バスで行ける乗鞍岳（北アルプス）

　北アルプスの南端にたおやかなスロープをひく乗鞍岳は、標高約2700メートルの畳平までバスで行けます。バスを降りると、すぐ隣がお花畑です（写真）。7月の下旬、白いハクサンイチゲが一面に咲き、ところどころ黄色いミヤマキンバイが彩りを添えています。遊歩道を奥へすすむと、草地にちりばめられたミネズオウの淡い紅色の花、光沢のある丸い葉が目立つコイワカガミ、伝説の花クロユリなどが目を楽しませてくれます。

　畳平駐車場から歩いて20分ほどの大黒岳に登ると、展望がよく、ちょっとした登山気分が味わえます。途中、高山植物の女王と称されるコマクサや、清楚なイワギキョウが咲いています。

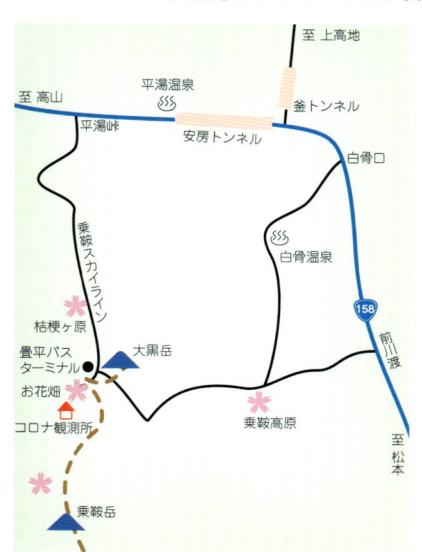

【交通】
JR松本駅から松本電鉄上高地線に乗り新島々駅下車。駅前から乗鞍行きのバスに乗り継ぎ1時間45分で畳平。畳平のお花畑は一周約40分。大黒岳へは急な登りはないが、花を楽しみながら歩いて往復で約1時間。乗鞍岳登山は特に危険なところはありません。しかし礫地を登るので、しっかりした靴を用意してください。
（往復約3時間）

【問い合わせ】
安曇村役場観光課
TEL 0263-94-2301

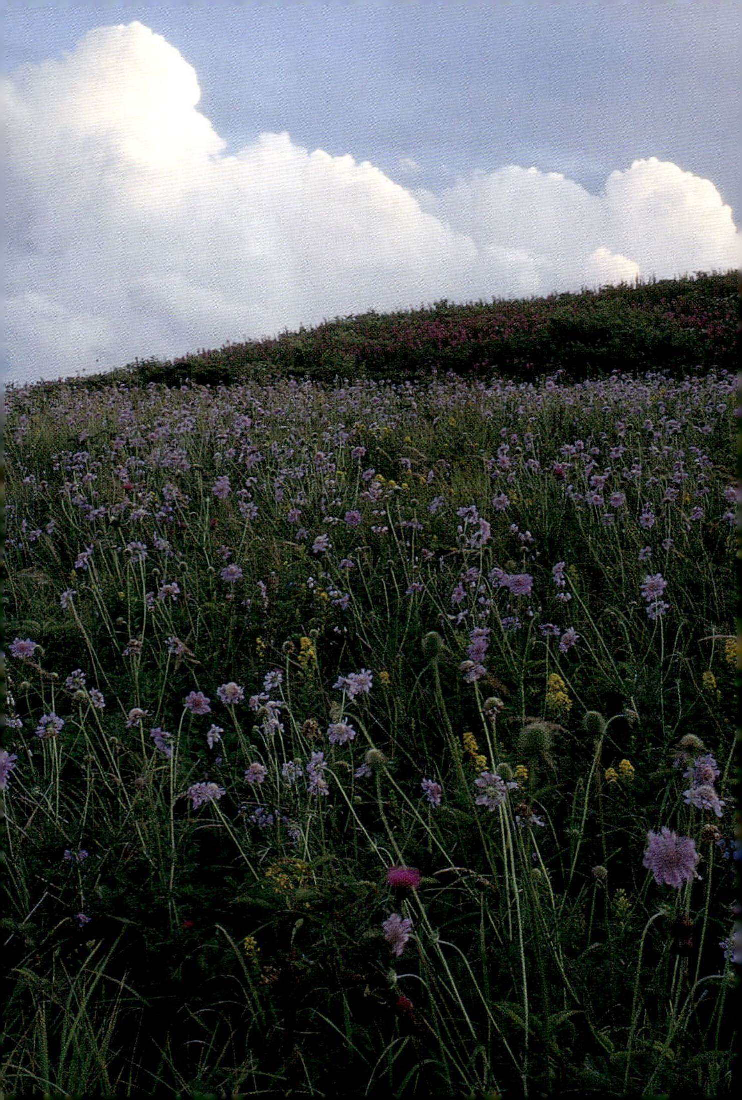

花の美ヶ原

　日本列島のほぼ中央にある美ヶ原は、信州に数ある高原の中でも、別格の花の山です。6月下旬、まずレンゲツツジが広い高原台地を紅く染めます。梅雨の時期なので、訪れる人が少ないのが残念です。花は、雨や霧の日の方がみずみずしく見えるからです。群生ではありませんが、7月に見ごろを迎えるウスユキソウは高原のいたるところに咲いていて、紅色のハクサンフウロが彩りを添えています。8月に入るとヤナギランが華やかです。炎のような花穂がアルプスの山々に映えます。美ヶ原を最後に彩るのはマツムシソウです（写真）。高原全体で咲き、アキノキリンソウやカワラナデシコと混生しているところもあります。

【交通】
JR松本駅前のバスターミナルから美鈴湖経由美ヶ原高原行きのバスに乗り1時間30分で終点の美ヶ原高原駐車場。ここから美ヶ原最高地の王ヶ頭まで徒歩25分。できれば思い出の丘バス停で下車して、思い出の丘、武石峰を越えて王ヶ頭まで歩くと、お花畑やたくさんの高山・亜高山の花に出会えます。（徒歩約2時間）

【問い合わせ】
松本市役所観光課
TEL 0263-34-3000

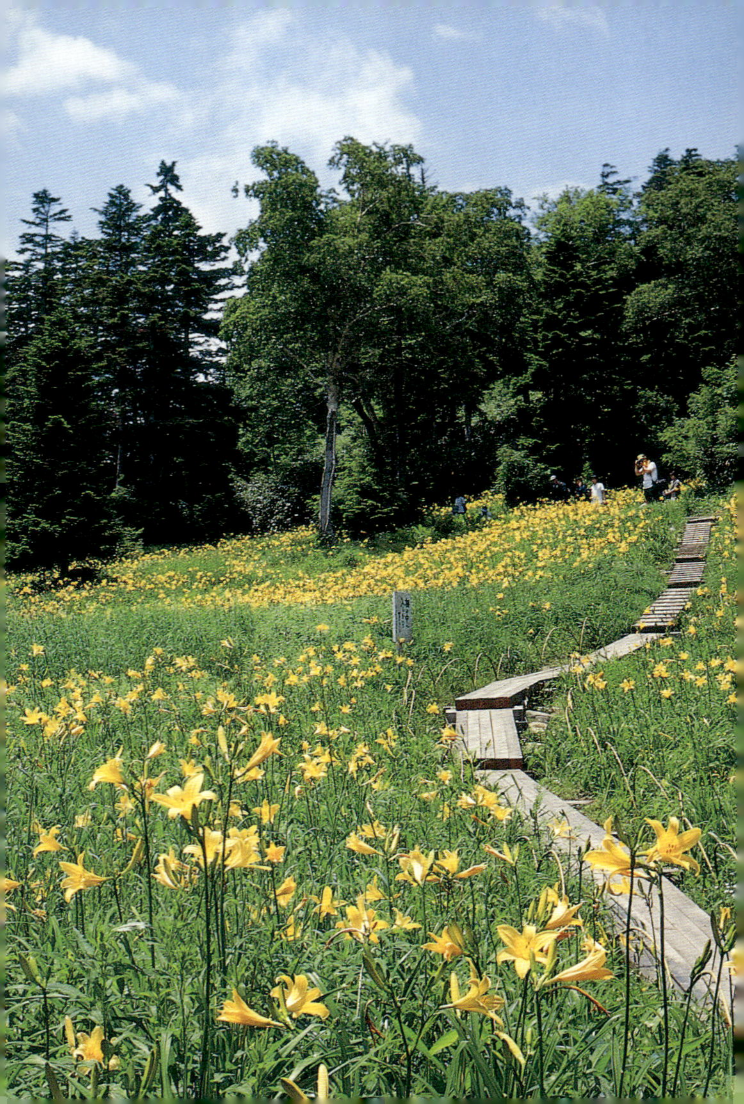

志賀高原・東館山高山植物園

　志賀高原の東館山高山植物園は、約300種の高山・亜高山の花が咲きます。植物園といっても、志賀高原の開発などによって失われる運命にあった植物を、東館山に移植したものですから、自然に近い状態が保たれています。ゴンドラリフトに乗って山頂駅を降りると、すぐ左手にコマクサの群生地。他にもヒメシャジン、キンロバイ、ミネウスユキソウなどが目に飛び込んでくるので、花好きの人には最高でしょう。珍しい花では、志賀の名が付けられたシガアヤメ、ミズバショウを小さくした感じのヒメカイウ、カタクリに似た形のツルコケモモ‥‥数えあげると切りがありません。7月下旬にブエモン平を一面に黄色く染めるニッコウキスゲも見事です(写真)。

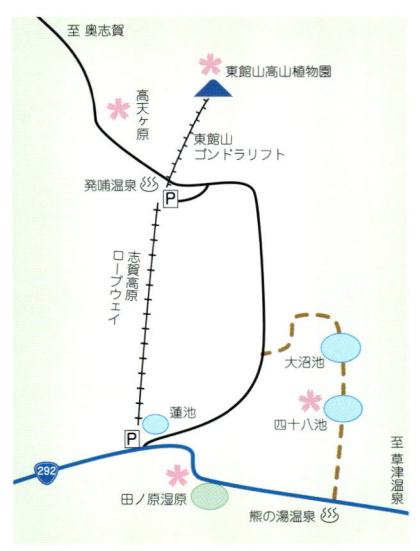

【交通】
JR長野駅から長野電鉄湯田中行きに乗り、終点の湯田中で下車。奥志賀高原行きのバスに乗り継ぎ発哺（ほっぽ）温泉下車。長野駅から発哺温泉まで約2時間。途中の蓮池から発哺温泉までロープウェイもあります（約8分）。発哺温泉から東館山高山植物園のある山頂駅までゴンドラで約10分。植物園は広く、花を楽しみながら散策すると約1～2時間かかります。

【問い合わせ】
山ノ内町役場観光課
TEL 0269-33-3111

花の撮影 ワンポイント・アドバイス

　花を美しく撮りたいと思ったことはありませんか。写真は難しい、苦手だ、と思い込んでいる人も、ほんの少し気を配るだけで、美しく撮れるようになります。そのことを記したいと思います。

■目的でカメラを選ぶ

コンパクトカメラ　軽くて操作も簡単なコンパクトカメラでは、よい写真が撮れないと考えている人が多いように感じられます。決してそうではありません。コンパクトカメラは、大きな一眼レフカメラにはない、優れたところがあるのです。それは、カメラブレがほとんど無いことです。レンズに組み込まれた小さなシャッターが作動するだけなので、シャッターを切ったときのショックは無いに等しいのです。写真は、ある意図でブレを使って撮るとき以外に、ブレた写真が出来るのは困ります。

　さて、ひとくくりにコンパクトカメラと言っても、使い捨てカメラから、一眼レフカメラより高価なものまでさまざまです。レンズも広角から望遠まで、2倍、3倍のズームレンズが付いているもの

が普通です。どのくらいの値段のものを買えばよいのでしょうか。それは、目的によって違います。たとえば、出会ったお花畑や花壇などをちょっと撮るくらいなら数万円のカメラで十分です。大きく伸ばして、額縁に入れて飾りたい、コンテストにも出したいと考えれば、5～10万円くらいのコンパクトカメラの方がよいでしょう。数万円のカメラと大きく違うのは、レンズの描写力です。余談ですが、35ミリカメラの代名詞でもあるライカのM型も、コンパクトカメラの仲間です。

よいことばかりではありません、コンパクトカメラは、レンズとは別の、カメラの上部にある窓から見ているので視差が生じてしまい、小さな被写体を大きく写すことができない構造になっています。このため、花をクローズアップで写すことが出来ません。では、一眼レフカメラでないとダメなのかと言うと、デジタルのコンパクトカメラであれば、カメラの裏にある液晶モニターの画面を見ながら、クローズアップで撮れます。クローズアップできる度合いは機種によって違いますので、お近くのカメラ店で実際に手にとって、説明を受けて求めるとよいでしょう。

一眼レフカメラ　　重くて操作が大変な一眼レフカメラを、ちょっと悪く言い過ぎましたが、より高度な写真を撮るためには、なくてはならないカメラです。ただ難点は、一眼レフはレンズを通した像をミラーとペンタプリズムによってファインダーに導いているので、シャッターを切る直前にミラーが上へ跳ね上がり、そのショックでカメラがブレてしまうことです。つまり、一眼レフは、ファインダーで見えているとおりに撮れるけれども、ミラーによるショックが必ずあるのです。一眼レフカメラを使っている人はよく三脚を使用しています。それは、カメラブレを防ぐためなのです。

　一眼レフカメラは、重さも価格もさまざまです。お勧めしたいのは、ミラーアップ装置と、被写界深度を確かめることができるプレビューボタンを備えているカメラです。三脚につけた状態でないとミラーアップ装置は使えないのですが、これは先に述べたように、一眼レフカメラのミラーショックをなくすために、シャッターを切る前に、ミラーを上へあげる装置です。ショックがおさまってからシャッターを切れば、ブレがなくなります。プレビューボタンについては、あとの「被写界深度とは」で述べます。

■撮影日和

　よく晴れた日を、ふつう撮影日和といいます。しかし花の撮影は、決して晴れ

た日がいいとは言えません。直射日光は、白や黄色など明るい色の花が露光オーバーになって、花の色が薄く写ってしまいます。また、コントラストが強くなり、見た目とは違う、かたい写真ができます。柔らかな光に包まれた曇りの日に、花を写してみてください。花の微妙な色が綺麗に写ります。雨の日は、花も葉も、みずみずしく写せます。雨滴が光っていたり、霧で霞んでいれば、きっと、情緒ある写真が撮れるでしょう。

では、晴れた日は花の撮影に向いていないのでしょうか、そうではありません。被写体（花）に対して正面からの光ではなくて、斜めから光が差している角度から撮ってみてください。花や葉が立体的に写ります。さらに斜め後ろから差してくる光で撮れば、光が花や葉を透過して、ひときわ鮮やかに写せます。逆光は暗く写るので、撮ってはいけないと考え違いをしている人もいますが、花や葉は光が透過しますから大丈夫です。きっと、明るく輝いたお花畑やクローズアップが写せるでしょう。

■被写界深度とは

ちょっとむずかしい用語です。一眼レフカメラを求めるのであれば、プレビューボタンがついているカメラをお勧めしました。理解されている方も多いと思いますが、花を撮影する場合に、主題である花をひきたてるために、背景をボカして撮りたいと思うことがあります。そのとき、花と背景のピントの合う範囲（被写界深度）を確認するのがプレビューボタンです。レンズの絞りを変えながら、プレビューボタンで被写界深度を確かめられるので、背景のボカし方をお好みで調節して下さい。

花ウォッチングの七つ道具

　登山は、グラム単位で荷物を軽くしたいと心がけていますが、持っていれば楽しい七つ道具があります。内容も数も人それぞれでしょうが、私がいつも持ち歩いている七つ道具をご紹介します。

ルーペ　　いつもポケットに入れています。花、葉、実‥‥、気になったものは何でも、ルーペで見ます。すると、繊細なつくりや微妙な色合いがよく分かります。できれば非球面レンズのルーペがいいでしょう。レンズの周辺の像が流れないし、表面が平面レンズですから、回りの不必要な光がレンズに映りません。

双眼鏡　　使いやすいのは、倍率が８倍くらいのものです。大きくて立派なものはよく見えますが、重いので持ち歩きに不便です。また倍率が高いと、手ブレがして見づらいものです。ちなみに、私が使っているのはカードサイズのコンパクトな双眼鏡で、倍率は８倍、見える範囲は7.5度です。

カメラ　　これは先に述べたとおりです。重いとたいへんですから、本格的な撮影が目的でなければ、コンパクトカメラか、小さなデジタルカメラがよいでしょう。私は仕事で使うカメラ以外に、フィルムもカメラも小さいＡＰＳ

のコンパクトカメラを、案内板などの記録のために持ち歩いていますが、パソコンにファイルできるデジタルカメラに替えたい‥‥と考えているところです。

スケッチブック　　小さなものを使います。絵を描くというより、写真だけでは分かりにくい花の特徴などをスケッチしています。そうすると、花のことをしっかり覚えられます。今回、この高山植物ポケット図鑑をつくるにあたっても、今まで植物の特徴を描いてきたスケッチブックが、とても役に立ちました。

コンパス　　道に迷ったときや、森の中を歩くときに役に立ちます。また、方向を知るだけでなくて、写真撮影で太陽がこれからどの方向に向かうのかも分かります。

ペンライト　　帰りが暗くなったとき、小さくても役に立ちます。その他にバンソウコウやテープ。道具ではありませんが、あると切り傷や何かの修理に役に立ちます。

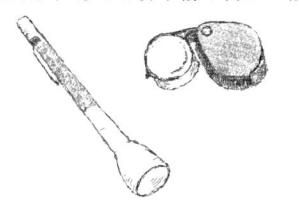

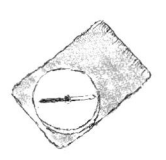

花のつくり

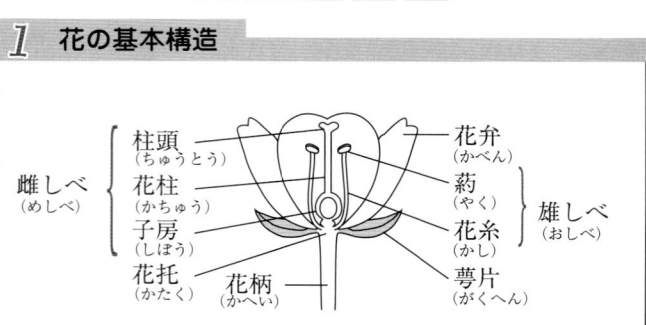

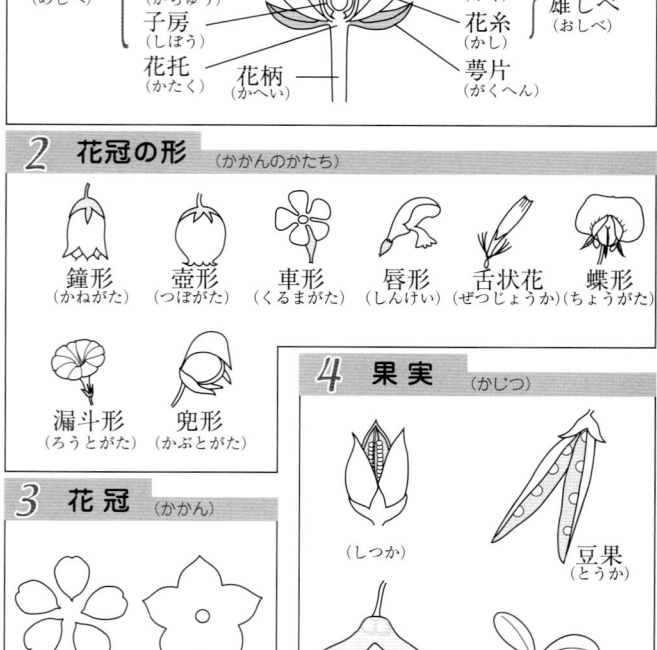

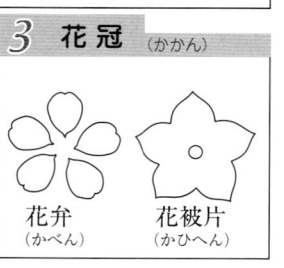

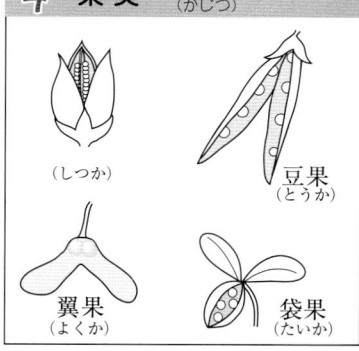

1 花の基本構造

雌しべ(めしべ)
- 柱頭(ちゅうとう)
- 花柱(かちゅう)
- 子房(しぼう)

花托(かたく)
花柄(かへい)

雄しべ(おしべ)
- 花弁(かべん)
- 葯(やく)
- 花糸(かし)

萼片(がくへん)

2 花冠の形 (かかんのかたち)

- 鐘形(かねがた)
- 壺形(つぼがた)
- 車形(くるまがた)
- 唇形(しんけい)
- 舌状花(ぜつじょうか)
- 蝶形(ちょうがた)
- 漏斗形(ろうとがた)
- 兜形(かぶとがた)

3 花冠 (かかん)

- 花弁(かべん)
- 花被片(かひへん)

4 果実 (かじつ)

- (しっか)
- 豆果(とうか)
- 翼果(よくか)
- 袋果(たいか)

5 花序 (かじょ)‥‥花が茎につく状態

穂状花序
(すいじょうかじょ)

総状花序
(そうじょうかじょ)

円錐花序
(えんすいかじょ)

散形花序
(さんけいかじょ)

複散形花序
(ふくさんけいかじょ)

散房花序
(さんぼうかじょ)

二出集散花序
(にしゅつしゅうさんかじょ)

肉穂花序
(にくすいかじょ)

頭状花序
(とうじょうかじょ)

葉のつくり

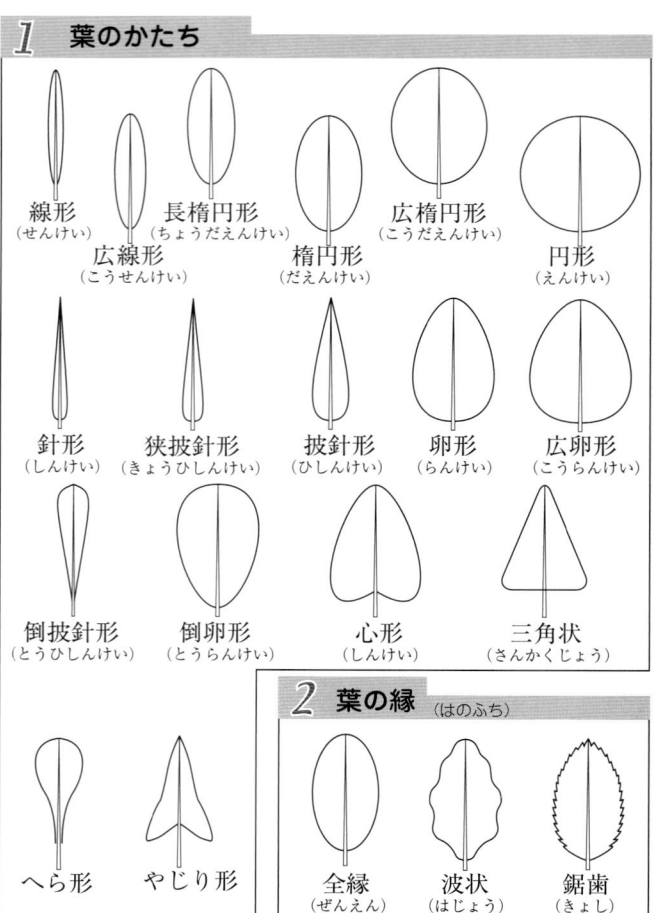

1 葉のかたち

- 線形（せんけい）
- 広線形（こうせんけい）
- 長楕円形（ちょうだえんけい）
- 楕円形（だえんけい）
- 広楕円形（こうだえんけい）
- 円形（えんけい）
- 針形（しんけい）
- 狭披針形（きょうひしんけい）
- 披針形（ひしんけい）
- 卵形（らんけい）
- 広卵形（こうらんけい）
- 倒披針形（とうひしんけい）
- 倒卵形（とうらんけい）
- 心形（しんけい）
- 三角状（さんかくじょう）
- へら形
- やじり形

2 葉の縁（はのふち）

- 全縁（ぜんえん）
- 波状（はじょう）
- 鋸歯（きょし）

3 葉の名称

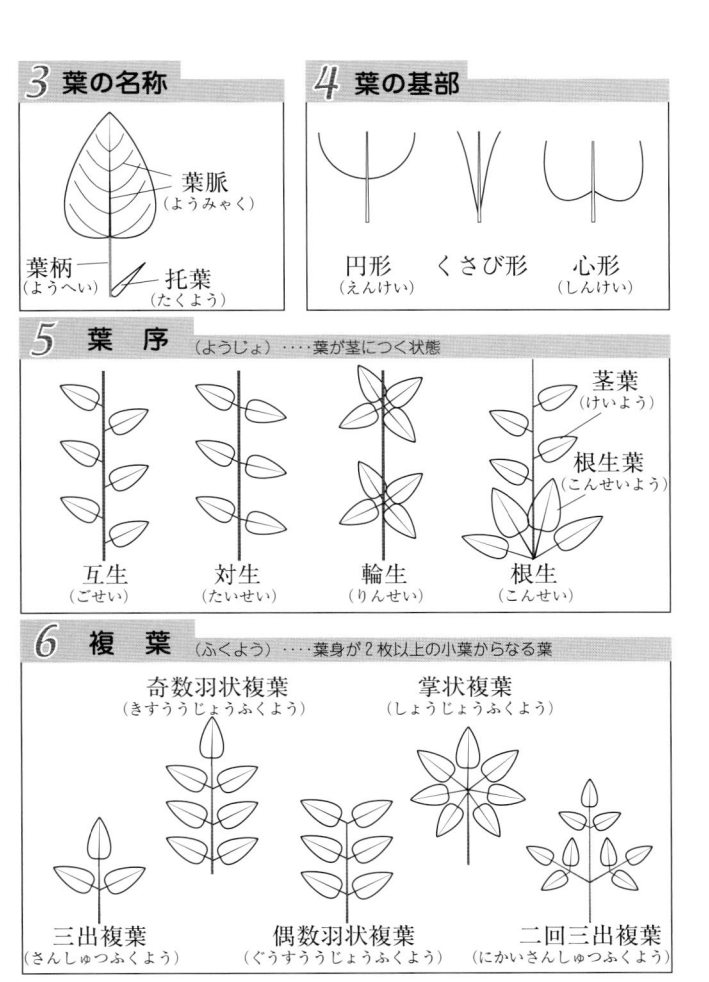

- 葉脈（ようみゃく）
- 葉柄（ようへい）
- 托葉（たくよう）

4 葉の基部

- 円形（えんけい）
- くさび形
- 心形（しんけい）

5 葉序 （ようじょ）……葉が茎につく状態

- 互生（ごせい）
- 対生（たいせい）
- 輪生（りんせい）
- 根生（こんせい）
  - 茎葉（けいよう）
  - 根生葉（こんせいよう）

6 複葉 （ふくよう）……葉身が2枚以上の小葉からなる葉

- 奇数羽状複葉（きすううじょうふくよう）
- 掌状複葉（しょうじょうふくよう）
- 三出複葉（さんしゅつふくよう）
- 偶数羽状複葉（ぐうすううじょうふくよう）
- 二回三出複葉（にかいさんしゅつふくよう）

さくいん

ア
アイヌタチツボスミレ	127
アオノツガザクラ	48
アカモノ	13
アサマフウロ	18
アズマシャクナゲ	15
アツモリソウ	31
アラシグサ	134

イ
イブキジャコウソウ	36
イブキトラノオ	66
イワイチョウ	71
イワインチン	99
イワウメ	83
イワオウギ	52
イワオトギリ	91
イワカガミ	16
イワギキョウ	116
イワショウブ	67
イワツメクサ	58
イワナシ	33
イワヒゲ	49
イワベンケイ	106

ウ
ウサギギク	108
ウスユキソウ	43
ウメハタザオ	63
ウラシマツツジ	105
ウラジロキンバイ	92
ウラジロタデ	50
ウラジロナナカマド	46
ウルップソウ	125

エ
エゾアジサイ	128
エゾオヤマリンドウ	121
エゾシオガマ	78
エゾムカシヨモギ	39
エゾリンドウ	120
エンレイソウ	142

オ
オオイタドリ	51
オオイワカガミ	17
オオカサモチ	55
オオサクラソウ	11
オオツガザクラ	12

	オオバキスミレ	101
	オオバタケシマラン	136
	オオハナウド	54
	オオバミゾホオズキ	104
	オオヒョウタンボク	77
	オオヒラウスユキソウ	43
	オオヤマフスマ	60
	オオレイジンソウ	80
	オクヤマガラシ	65
	オサバグサ	73
	オタカラコウ	90
	オニシオガマ	27
	オニシモツケ	79
	オノエリンドウ	28
	オヤマソバ	51
	オヤマノエンドウ	126
	オヤマリンドウ	120
	オンタデ	50
カ	カイタカラコウ	90
	カキツバタ	112

	カニコウモリ	76
	カライトソウ	9
	カラマツソウ	47
	カワラナデシコ	24
	カンチコウゾリナ	89
キ	キソチドリ	133
	キタザワブシ	122
	キタダケキンポウゲ	94
	キタダケソウ	45
	キヌガサソウ	70
	キバナシャクナゲ	105
	キバナノコマノツメ	101
	ギョウジャニンニク	76
	キンコウカ	103
	ギンリョウソウ	75
	キンロバイ	97
ク	クガイソウ	124
	クモキリソウ	133
	クモマキンポウゲ	95
	クモマグサ	83

	クモマスミレ	100
	クモマナズナ	64
	クモマミミナグサ	59
	クリンソウ	11
	クリンユキフデ	80
	クルマバツクバネソウ	137
	クルマユリ	30
	クロクモソウ	140
	クロトウヒレン	20
	クロマメノキ	14
コ	コウメバチソウ	69
	コケモモ	13
	ゴゼンタチバナ	74
	コバイケイソウ	77
	コマクサ	35
	コミヤマカタバミ	74
	コメバツガザクラ	48
サ	サラシナショウマ	82
	サンカヨウ	70
シ	シコタンソウ	107

	シコタンハコベ	60
	シナノオトギリ	91
	シナノキンバイ	93
	シナノナデシコ	25
	ジムカデ	49
	シモツケソウ	36
	ショウジョウバカマ	34
	シラネアオイ	8
	シラネヒゴタイ	21
	シロウマアサツキ	29
	シロウマオウギ	52
	シロウマタンポポ	88
	シロウマチドリ	132
	シロウマナズナ	64
	シロウマリンドウ	85
	ジンヨウスイバ	136
セ	センジュガンピ	61
タ	タイツリオウギ	52
	タカネアオヤギソウ	135
	タカネイブキボウフウ	56

	タカネキンポウゲ	95
	タカネグンナイフウロ	113
	タカネコウリンカ	104
	タカネサギソウ	132
	タカネシオガマ	26
	タカネシュロソウ	140
	タカネスイバ	141
	タカネスミレ	100
	タカネツメクサ	58
	タカネトウウチソウ	82
	タカネナデシコ	24
	タカネナナカマド	46
	タカネバラ	32
	タカネビランジ	25
	タカネマツムシソウ	129
	タカネマンテマ	38
	タカネヤハズハハコ	37
	タカネヨモギ	98
	タテヤマアザミ	19
	タテヤマウツボグサ	127

	タテヤマキンバイ	93
	タテヤマリンドウ	119
	タムラソウ	21
チ	チシマアマナ	81
	チシマイワブキ	84
	チシマギキョウ	116
	チシマリンドウ	28
	チャボヤハズトウヒレン	20
	チョウノスケソウ	44
	チングルマ	44
ツ	ツガザクラ	12
	ツクモグサ	97
	ツバメオモト	73
	ツマトリソウ	53
	ツルコケモモ	34
テ	テガタチドリ	22
ト	トウヤクリンドウ	109
	トガクシショウマ	8
	トクワカソウ	17
ナ	ナナカマド	46

ニ	ニッコウキスゲ	103
ネ	ネバリノギラン	143
ノ	ノビネチドリ	23
ハ	ハイオトギリ	91
	バイケイソウ	135
	ハクサンイチゲ	45
	ハクサンオオバコ	143
	ハクサンオミナエシ	108
	ハクサンコザクラ	10
	ハクサンシャクナゲ	15
	ハクサンシャジン	115
	ハクサンチドリ	22
	ハクサンフウロ	18
	ハクサンボウフウ	56
	ハクセンナズナ	142
	ハゴロモグサ	134
	ハッポウタカネセンブリ	117
	ハハコヨモギ	99
	ハヤチネウスユキソウ	43
ヒ	ヒオウギアヤメ	112

	ヒメイチゲ	78
	ヒメイワカガミ	16
	ヒメイワショウブ	67
	ヒメウスユキソウ	42
	ヒメウメバチソウ	69
	ヒメクワガタ	118
	ヒメサユリ	30
	ヒメシャクナゲ	14
	ヒメシャジン	114
フ	フジアザミ	19
ヘ	ベニバナイチゴ	33
ホ	ホウオウシャジン	115
	ホソバコゴメグサ	68
	ホソバツメクサ	59
	ホツツジ	62
	ホテイラン	31
	ホロムイリンドウ	121
	ホンシャクナゲ	15
マ	マイヅルソウ	75
	マルバコゴメグサ	68

マルバダケブキ	102	ミヤマキンバイ	92
ミ ミズチドリ	72	ミヤマキンポウゲ	94
ミズバショウ	71	ミヤマクロユリ	141
ミソガワソウ	128	ミヤマクワガタ	118
ミツガシワ	72	ミヤマコウゾリナ	89
ミツバオウレン	53	ミヤマコゴメグサ	68
ミドリユキザサ	137	ミヤマシオガマ	26
ミネウスユキソウ	42	ミヤマシシウド	54
ミネザクラ	32	ミヤマシャジン	114
ミネズオウ	38	ミヤマゼンゴ	55
ミヤマアカバナ	39	ミヤマダイコンソウ	96
ミヤマアキノキリンソウ	109	ミヤマダイモンジソウ	85
ミヤマアケボノソウ	117	ミヤマタンポポ	88
ミヤマアズマギク	35	ミヤマツボスミレ	81
ミヤマウイキョウ	57	ミヤマトリカブト	122
ミヤマウスユキソウ	43	ミヤマハタザオ	63
ミヤマオダマキ	129	ミヤマハナシノブ	113
ミヤマオトコヨモギ	98	ミヤマホツツジ	62
ミヤマカラマツ	47	ミヤママンネングサ	106
ミヤマキオン	102	ミヤマムラサキ	125

173

	ミヤマモジズリ	23	ヤマルリトラノオ	124
	ミヤマラッキョウ	29	**ユ** ユウバリシャジン	115
	ミヤマリンドウ	119	ユウバリリンドウ	28
ム	ムカゴトラノオ	66	ユキクラトウウチソウ	9
	ムカゴユキノシタ	84	ユキザサ	79
	ムシトリスミレ	126	ユキワリソウ	10
	ムラサキシロウマリンドウ	121	**ヨ** ヨツバシオガマ	27
メ	メタカラコウ	90	**リ** リュウキンカ	96
モ	モミジカラマツ	47	リンネソウ	37
ヤ	ヤマガラシ	107	**レ** レブンウスユキソウ	43
	ヤマトリカブト	123		

[参考文献]

日本の野生植物　草本Ⅰ～Ⅲ	（平凡社）
原色日本植物図鑑　全5巻	（保育社）
山渓カラー名鑑　日本の高山植物	（山と渓谷社）
高山に咲く花	（山と渓谷社）
週刊朝日百科　植物の世界	（朝日新聞社）
花の王国	（新潮社）
植物和名の語源	（八坂書房）
花の科学	（研成社）
香りへの招待	（研成社）
植物の名前小事典	（誠文堂新光社）

この作品は新潮文庫に書き下ろされたものです。

ひと目で見分ける250種
高山植物ポケット図鑑

新潮文庫　ま - 25 - 1

平成十五年六月一日　発　行	
令和　六　年　十　月　十五日　十六刷	

著　者　増　村　征　夫

発行者　佐　藤　隆　信

発行所　株式会社　新　潮　社

　　　郵便番号　一六二 - 八七一一
　　　東京都新宿区矢来町七一
　　　電話　編集部(〇三)三二六六 - 五四四〇
　　　　　　読者係(〇三)三二六六 - 五一一一
　　　https://www.shinchosha.co.jp

価格はカバーに表示してあります。

乱丁・落丁本は、ご面倒ですが小社読者係宛ご送付ください。送料小社負担にてお取替えいたします。

印刷・錦明印刷株式会社　製本・錦明印刷株式会社
© Machiko Masumura　2003　Printed in Japan

ISBN978-4-10-106121-4　C0145